増補第2版
数理と社会
身近な数学でリフレッシュ

河添 健

数学書房

まえがき

　高校生の頃 (30 数年前) と比べると教科書は明らかにやさしくなっている．色彩が豊かで写真やイラストも多い．あの頃にこんな教科書があったらもっと楽しく気楽に数学を勉強できたのにと正直に思う．しかし教科書は生徒の学力に合わせて書かれているので，今の生徒が楽しく気楽に数学を勉強しているわけではない．昔と同じように数学に苦労している．してみるとこの 30 年間，数学教育は負の螺旋階段を登り続けている．登り続けること，数学に接し考え続けることは肝心である．どんな形でもよいから高校の 3 年間，大学そして社会生活の中で継続して数学に触れることが重要である．そのような環境を作ることの本質は教授内容と教授方法にあると思う．

　大学初年度の数学の講義は，理工系だと『微積分』と『線形代数』から始まる．学生は高校で数 III, C まで勉強しているので何とか同じスタートラインである．ところが文系だとそうはいかない．受験科目に数学 I, II, A, B を課していれば問題はないが，そうでないと数学 I, A だけ，一年間しか履修していない学生もいる．その結果，数学は選択科目となり，内容も『教養の数学』などが定番となる．これでは大いに困る．文系の学生でも各種の数理モデルを理解するぐらいの知識を身につけて欲しい．ここでもそのための教授内容と教授方法が問われている．

　ところで理系と文系と言うと，いかにも理系の生徒が文系の生

徒に比べて数学に強いとの印象がある．30年前は確かにそうであった．しかし現在は上位の3割ぐらいを除けば，それほど差は大きくないのではないか．とくに**考えない学生**という視点では理系も文系も同じである．さらには理系の学生の中での信じがたい事例がその僅差を物語っている．$\sin(x+y) = \sin x + \sin y$ とか $\dfrac{\sin x}{x} = \sin$ と計算する学生，3年生で定義と定理の区別ができない学生，修士2年生で"先生，修士論文のテーマ決まりましたか？"と質問する学生などなどきりがない．学会などで同僚と情報交換するのが楽しくなるくらいである．

だんだんと現実が浮かび上がってきた．要するに理系も文系も関係なく，数学を楽しく勉強する環境がきわめて少ないのである．また的外れの数学を勉強している学生も大勢いる．このように数学の教授内容と教授方法が問われる中で，『数理と社会』という科目を大学初年度に設置した．数学に楽しく接し，考えることを目的とした講義であり，本書はそのテキストである．主たる受講生は文系の学生であるが，理系の学生も十分に楽しめる．できれば高校生や社会人にも読んでもらいたい．多くのテーマは社会と接点がある数学なので，数学に限らず，背景にある社会問題も大いに議論してもらいたい．

映画に関する話題がしばしば登場する．単に著者の好みだが，映画も注意深く観ると結構，数学が関わっていることに気づく．

2006年7月

慶應義塾大学総合政策学部

河添　健

増補第2版によせて

2006年に初版を出してから10年が過ぎた．通常，数学の本だと増刷してもその内容を修正することはほとんどない．ところがこの『数理と社会』はそうはいかない．この10年間に数理は不変だが社会が変化してしまった．49番目のメルセンヌ素数が見つかる(第2章)，携帯電話・PHSの普及台数が1億9569万台になる(第6章)，東北地方太平洋沖地震・熊本地震が起きる(第6章)，ISBNコードが13桁になる(第10章)などである．それぞれの記述を変更し，あるいは文章を補足することにした．また数学が関わる映画や舞台も新たに加えた．ところで第1章でラマヌジャンの映画を紹介したが，この映画は初版の頃から検討されていた．2006年以降延び延びになり，2011年に再び制作が浮上し，2015年に制作が決定した．その間英国では2007年にハーディとラマヌジャンの関係を扱ったコンプリシテの舞台『A Disappearing Number』が上演されている．この10年間も黄金比に関わる製品やデザインは尽きることなく市場にあふれている．「泡とビールの黄金比」，「黄金比ハンバーグ」，「おいしさの黄金比」，「黄金比ダイエット」，「美顔診断アプリ」などもある．もちろん美しい長方形の比率は黄金比だけではない．増補版では第4章に白銀比の記述を加筆した．第5章のコルビュジエの建築群が世界遺産に登録されたことは喜ばしい．今回は紙面の都合もあり，大幅な加筆は許されないが，さらに社会が変化すれば増補第3版も必要かもしれない．

2016年8月

著者

目 次

まえがき	i
第1章 ジュラシック・パークの数学	1
1.1 映画の中の数学者	1
1.2 ジュラシック・パーク	3
1.3 太陽と地球と月	3
1.4 不規則な運動	6
1.5 北京で蝶が舞うと，NY は嵐	8
第2章 不思議な数たち	10
2.1 大きな素数	10
2.2 素数を作る式	13
2.3 メルセンヌ素数	15
2.4 完全数	16
2.5 友愛数	19
2.6 まだまだある不思議	21
2.7 素数の個数	22
第3章 A4 用紙の三つ折	24
3.1 A4 紙の秘密	25
3.2 整数比を探そう	28
3.3 3 等分点の求め方	32

第4章　黄金比の不思議　37
- 4.1　ユークリッドの問題 38
- 4.2　黄金比 40
- 4.3　ペンタクルと黄金比 42
- 4.4　生活の中の黄金比 44
- 4.5　日本人は白銀比が大好き 49

第5章　フィボナッチ数列と黄金比　50
- 5.1　フィボナッチ数列の性質 51
- 5.2　フィボナッチ数列と黄金比 53
- 5.3　連分数と黄金比 54
- 5.4　一般項は 57
- 5.5　生活の中のフィボナッチ数列 59

第6章　ポーカーと確率　63
- 6.1　ポーカーの役と確率 63
- 6.2　ワンペアのとき何枚かえるか 67
- 6.3　40人クラスで同じ誕生日の人がいる確率 71
- 6.4　共通の友達がいる確率 72
- 6.5　降水確率 73
- 6.6　地震確率 74

第7章　お見合いの戦略　77
- 7.1　サイコロ餃子 77
- 7.2　宝くじは買う？ 78
- 7.3　サイコロ賭博 80
- 7.4　クイズの懸賞金 82
- 7.5　お見合いの戦略 86

第 8 章	スパムメールの判定	88
8.1	条件付確率	88
8.2	ベイズの定理	91
第 9 章	暗号の歴史	97
9.1	古典暗号	97
9.2	戦争と暗号	104
9.3	共通鍵と公開鍵	111
第 10 章	モジュラスの世界	113
10.1	四則演算	113
10.2	ユークリッドの互除法	118
10.3	$ax = b$ は解けるか？	121
10.4	オイラーの関数	122
第 11 章	公開鍵の仕組み	127
11.1	共通鍵と公開鍵	127
11.2	ピザの注文	128
11.3	数学の裏付け	131
11.4	秘密鍵はなぜバレない	134
第 12 章	出会いの確率	137
12.1	図形を使って解く	137
12.2	円周率とモンテカルロ法	143
第 13 章	ドント方式って何？	146
13.1	投票形式	146
13.2	議席の配分方法	147
13.3	比例配分とドント方式	151

第 14 章　ゲームの理論　154
- 14.1　支配戦略 154
- 14.2　ナッシュ均衡 156
- 14.3　混合戦略 158

付録　もっと勉強しよう　162
- A.1　ニーチェとカオス 162
- A.2　素数を生み出す式 163
- A.3　メルセンヌ素数と完全数 164
- A.4　リーマン予想と素数定理 167
- A.5　フィボナッチ数列と黄金比 168
- A.6　いろいろな螺旋 170
- A.7　ベイズの定理 170
- A.8　残されたビール暗号書 171
- A.9　ユークリッドの互除法 174
- A.10　オイラーの関数の性質 174
- A.11　バーコートと新 ISBN 175
- A.12　ダ・ヴィンチ・コードはフィクション？ 177

参考文献　179

あとがき　185

索引　186

人名索引　188

ギリシャ文字

A	α	alpha	アルファ
B	β	beta	ベータ
Γ	γ	gamma	ガンマ
Δ	δ	delta	デルタ
E	ε	epsilon	イプシロン
Z	ζ	zeta	ゼータ
H	η	eta	エータ
Θ	θ	theta	シータ
I	ι	iota	イオタ
K	κ	kappa	カッパ
Λ	λ	lambda	ラムダ
M	μ	mu	ミュー
N	ν	nu	ニュー
Ξ	ξ	xi	クシー
O	o	omicron	オミクロン
Π	π	pi	パイ
P	ρ	rho	ロー
Σ	σ, ς	sigma	シグマ
T	τ	tau	タウ
Υ	υ	upsilon	ウプシロン
Φ	ϕ, φ	phi	ファイ
X	χ	chi	カイ
Ψ	ψ	psi	プサイ
Ω	ω	omega	オメガ

第 1 章

ジュラシック・パークの数学

　小説『博士の愛した数式』(小川洋子著) とその映画化で，不思議な数式や数学者の実態がちょっとした話題になりました．日本数学会も後援．この作品で数学離れに歯止め … そううまくは行かないでしょうが，関心が高まることを大いに期待したいところです．

1.1　映画の中の数学者

　実在の数学者が映画に取り上げられることはあまりないのですが，最近ではジョン・ナッシュの生涯を描いた『A Beautiful Mind』(2001 年) が記憶に新しいのでは．精神の病と闘いながらもゲームの理論の経済学への貢献を評価され，1994 年にノーベル経済学賞を受賞する話です．ゲームの理論については第 14 章で勉強しましょう．あれ，フィールズ賞ではないの？　もし映画にも登場する晩年の研究テーマであるリーマン予想 (A.4 節) が解ければ間違いなくフィールズ賞です．

ノーベル賞とフィールズ賞　スウェーデンの実業家アルフレッド・ノーベルはダイナマイトの発明で巨万の富を得ました．その遺産で始まったのが**ノーベル賞**です．遺言には物理学，化学，医学・薬学，文学，平和の5つの賞が指定され，第一回の授与は1901年です．その後スウェーデン中央銀行からの寄付による銀行賞が，経済学賞とよばれるようになります．でも，科学の発展に必要不可欠な「数学賞」がどうしてないのでしょうか？　諸説ありますが，スウェーデンの数学界の大御所ミッタグ・レフラーとの不仲 (女性関係？) が原因で，彼に受賞させないために数学賞を遺言しなかったとも言われています．ところでレフラーの親友にカナダの数学者ジョン・フィールズがいました．彼の遺言で創設されたのが**フィールズ賞**です．1936年から4年に一度，40歳未満の数学者を対象に授与されます．

　最近ではロバート・カニーゲルの『The Man Who Knew Infinity: A Life of the Genius Ramanujan』(『無限の天才―夭逝の数学者・ラマヌジャン』(田中靖夫訳)) が映画化され，2016年1月に公開されました．19世紀末にインドに生まれた天才ラマヌジャンとその才能を認めたイギリスのハーディとの共同研究を描いたものです．邦題は『奇蹟がくれた数式』です．

　フィクションでは，マット・デイモンが演じる『Good Will Hunting』(1997年) がおもしろいですね．MITの数学の授業風景や数学者の苦悩が伝わってきます．でも映画は数学を別にした青春映画．Good Will Hunting です．MIT は『21』(2008年) にも登場します．カジノのブラックジャックでカードカウンティングをするチームの物語です．こちらは実話にもとづいています．

1.2　ジュラシック・パーク

ところで今日の話題は『ジュラシック・パーク』(1993 年) です．あれ，あの映画って数学が関係していたっけ？　映画好きの人はすぐに「数学者がいたぞ！」と思い出すことでしょう．そうです．ジュラシック・パークを視察に来た一人が，ジェフ・ゴルドブルム演じる"カオス理論の数学者"です．一行がパークに到着すると管理者は施設の安全性を強調します．恐竜はすべてメス．繁殖は不可能．したがって隔離されたジュラシック・パークは絶対に安全である．このときこの数学者は

「100％の確率なんて不可能だ．生命は繁殖する道を見つけ出す」

と言います．原作者のマイケル・クライトンや監督のスピルバーグの数学の才能についてはまったく知りませんが，この会話にはこの映画の本質が隠されています．つまり，カオス理論 $\cdots$

みなさん，この**カオス理論**って分かっていましたか？　カオス(chaos ＝混沌)って何なんでしょう．今日はこれについて勉強しましょう．

1.3　太陽と地球と月

月は地球の周りを回り，地球は太陽の周りを回る．みなさん知っていますよね．この天体の現象を数学を使って記述するのはどうしたらいいでしょうか？　万有引力の法則ですから，ニュートンの運動方程式を使って記述することができます．一般には**三体問題**といわれる微分方程式になります．

方程式と解　　変数 t の式 $F(t)$ があったとき，$F(t)=0$ とすると方程式になります．二次式 at^2+bt+c があるとき

$$at^2+bt+c=0$$

とすると二次方程式です．このとき方程式を満たす t を方程式の解といいます．二次方程式の解の公式を思い出してください．

変数 t と t の関数 $f(t)$, その微分 $f'(t), f''(t), \cdots, f^{(n)}(t)$ ($f(t)$ の n 階微分) などが入った式 $F(t, f'(t), f''(t), \cdots, f^{(n)}(t))$ があるとき

$$F(t, f'(t), f''(t), \cdots, f^{(n)}(t))=0$$

とすると**微分方程式**といわれます．そしてこの方程式を満たす関数 $f(t)$ を微分方程式の解といいます．たとえば

$$f''(t)=0$$

は微分方程式で，t や 1 はその解です．一般には

$$f(t)=at+b \ (a, b \text{ は任意定数})$$

が解 (一般解) であることが分かります．ここで時刻 $t=0$ の状態が

$$f(0)=0, \ f'(0)=2$$

といった付加条件を付けてみましょう．すると一般解の a, b は $b=0, a=2$ でなくてはならず，解は

$$f(t)=2t$$

と一意に決まってしまいます (特殊解). このような付加条件を**初期条件**といいます. 変数 t と t の関数が複数個, たとえば $x(t), y(t), z(t)$ と 3 個あるようなとき, 微分方程式も複数個登場する場合があります. このようなとき, **微分方程式系**という言い方をします. 天体の三体問題や空間の粒子の位置を表す場合 (1.5 節) は微分方程式系で記述されます.

ところで, 二体だと運動は分かりやすいですよね. リンゴが木から落ちるのは, リンゴと地球の間の引力です. 二階の窓からでもリンゴは下に落下するし, 三階の窓からでも同じです. ちょとぐらい状況を変えても下に落ちる. 決して上に落ちることはありません. これは運動方程式がリンゴが落ちるという運動を決定しています. このようなとき, リンゴが落ちるという現象は**決定論**的であるといいます. つまり, 初期条件から結果が予測できます. また少しぐらい条件が変わっても現象に変なことは起きない. このことを現象は**安定**しているといいます.

太陽と地球と月は三体ですが, 運動方程式を使ってその現象を記述できるのでやはり決定論的です. したがって結果が予測でき, 変なことは起きない. 太陽系は安定している. と思っていたのですが, じつは不安定なのです. アンリ・ポアンカレ (1854-1912) は決定論的な世界における不安定性を指摘しました. つまり, 状況 (初期条件など) が少し変わるだけでも, 結果がめちゃくちゃに変わってしまうことが起こりうるのです.

1887 年にスウェーデン国立アカデミーは『太陽系は定常

な安定した存在であるか否か?』という懸賞問題を出しました．これに対してポアンカレは『三体問題と運動方程式について』という論文で，否と答えたのです．重力法則のもとでは，二体の周期的な運動は安定だが，三体以上の運動だと周期性を示さずに不安定になることがあるのです．"それはあまりに込み入っていて絵をかくことさえできない"，と述べています．

1.4 不規則な運動

その後，決定論的な世界－方程式で記述される運動－における不安定な現象がいろいろな分野で見つかります，でも，だれもカオスとは言いませんでした．たとえば1918年にはダフィングが電気回路で発生する不思議な現象にもとづき非線形強制振動の研究を行っています．この研究は上田睆亮に受け継がれ，彼は1961年に後に上田のアトラクター (Japanese Attractor) とよばれる現象を発見し不規則遷移現象と名付けました．また1963年には天文学者ミッシェル・エノンが星の運動が起こす不思議な現象に注目しています．

離散力学系　　数列 $\{a_n\}$ を漸化式

$$a_{n+1} = f(a_n)$$

で定義したことがあると思います．たとえば $f(x) = x + d$ とすると，$a_{n+1} = a_n + d$ となり公差 d の等差数列が得られます．また $f(x) = ra$ とすれば，$a_{n+1} = ra_n$ となり公比 r の等比数列となります．いま $a_1, a_2, a_3, \cdots$ を順に数

直線上にプロットしてみましょう．点列を直線上の点の運動と見なせます．このような運動を f で定まる (一次元) **離散力学系**といいます．平面の運動に拡張できますか？

$$\begin{cases} x_{n+1} = f(x_n, y_n) \\ y_{n+1} = g(x_n, y_n) \end{cases}$$

で定まる平面上の運動を二次元離散力学系といいます．(x_1, y_1) が与えられれば順に $(x_1, y_1), (x_2, y_2), (x_3, y_3), \cdots$ と平面上に点をプロットできますね．さてエノンは

$$\begin{cases} x_{n+1} = y_n + 1 - ax_n^2 \\ y_{n+1} = bx_n \end{cases}$$

としてパラメータの (a, b) をいろいろと変えてみました．図 1.1 は $(x_1, y_1) = (1, 0)$ から出発する運動です．すると同じ漸化式で定義された運動なのにパラメータ (a, b) が変わると運動が極端に変わります．

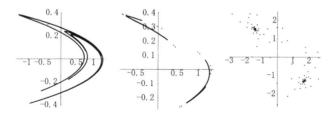

図 **1.1** $(a, b) = (1.4, 0.3), (1.1, 0.3), (0.4, 0.9)$ の場合

1.5 北京で蝶が舞うと，NY は嵐

1963 年に気象学者のエドワード・ローレンツは乱流の研究から，次のような微分方程式系で乱流を記述しました．三次元空間で，時刻 t における気体粒子の位置が $(x(t), y(t), z(t))$ です．

$$\begin{cases} x'(t) = 10(-x(t) + y(t)) \\ y'(t) = -x(t)z(t) + rx(t) - y(t) \\ z'(t) = x(t)y(t) - \dfrac{8}{3}z(t) \end{cases}$$

ここで 2 番目の方程式にあるパラメータ (媒介変数) r をちょこっとずつ変化させてみましょう．初期条件を $x(0) = y(0) = z(0) = 1$ として，r を $r = 12, 16, 28$ とすると，あれ，とても不思議なことが起こる．彼はこのパラメータに対する鋭敏な依存性を，北京で蝶が舞うとその風がニューヨークで嵐になる (バタフライ効果) と表現しました．映画の中でも説明がありましたね．『The Butterfly Effect』(2004 年) は，まさにこの効果をテーマ

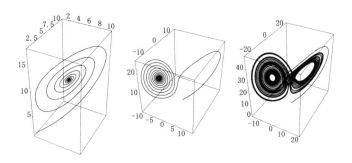

図 **1.2** $r = 12, 16, 28$ の場合

に作られています.

　1973年に数学者のヨークと大学院生のリーはこのローレンツの乱流モデルを研究し,そのとき「periods 3 implies chaos」(3周期はカオスを意味する)と初めてカオスという言葉を使い,決定論的世界における不安定な予測不可能な振る舞いを記述しました.その後,生命科学や経済学など諸分野でカオスの研究が進み,複雑系の流行語と共に数学用語としてはめずらしくブームになります.

　カオスの啓蒙書の中には,ローレンツやヨークとリーをカオスの創始者と書いてある本も多く見られますが,やはりポアンカレでしょう.また山口昌哉氏によれば,電磁気学のマックスウェルが1860年に初期値に対する鋭敏な依存性について触れているとのことです.

　さて,ここまで勉強するとカオス理論の数学者が言った「100％の確率なんて不可能だ.生命は繁殖する道を見つけ出す」という言葉の重みが違ってきましたね.ジュラシック・パークは決定論的な安全性のもとで作られたのですが,決して安定ではなかった.予測不可能なできごとが……もう一度映画を観てみましょう.

第2章

不思議な数たち

　せっかくですから『博士の愛した数式』に登場した不思議な数たちを紹介しておきましょう．最初に**約数**を思い出してください．たとえば，48 の約数は

$$1, 2, 3, 4, 6, 8, 12, 16, 24, 48$$

です．ここで注意することは，自分自身の 48 と 1 も約数とすることです．

2.1　大きな素数

　自分自身と 1 以外に約数を持たない数が**素数**です．

　$2, 3, 5, 7, 11, 13, 17, 19, 23, 29, 31, 37, 41, 43, 47, 53, 59, \cdots$

は素数です．素数以外の数を**合成数**といいます．合成数は 2 個以上の素数の積で書けます．ところで素数はいったいいくつあるのでしょうか？　じつは無限個あります．

素数は無限個ある　　このことはギリシャ時代の数学者ユークリッド (BC3 世紀) も知っていました．無限個なんて数えられませんよね．どうして無限個？　証明するには無限個＝"有限個でない"ことを**背理法**という証明方法で示します．結論の逆を仮定して，矛盾を導く方法です．実際，素数が有限個の N 個しかないとしてみましょう．それらを $2 = p_1, 3 = p_2, 5 = p_3, 7 = p_4, 11 = p_5, \cdots, p_N$ とします．ここで

$$x = p_1 \times p_2 \times p_3 \times \cdots \times p_N + 1$$

なる数を考えます．$x > p_N$ ですから x は素数でありません．したがって合成数ですから 2 個以上の素数の積で書けるはずです．ところが有限個しかないどの素数 $p_1, p_2, p_3, \cdots, p_N$ で x を割っても余りが 1 で割り切れません．これは矛盾していますね．どこがおかしかったのでしょうか？　それは素数が N 個しかないとしてみたことです．よって素数は有限個でない．つまり無限個あることになります．

現在知られている最大の素数はいくつでしょうか？　2015 年 9 月 17 日に

$$2^{74207281} - 1 \quad (22338618 \text{ 桁})$$

なる素数が見つかっています．

GIMPS プロジェクト　　Great Internet Mersenne Prime Search の略称です．素数の発見，とくに後で述べるメルセンヌ素数の発見を目的として 1996 年に発足したプロ

ジェクトです．参加者はインターネットから無料で解析ソフトをダウンロードし，各自のパソコンに処理を分散させて素数の検証を行います．ソフトは George Woltman によって作られ，サーバーは Scott Kurowski によって管理されています．今までに 15 のメルセンヌ素数を見つけています．

35 番目	1996 年 11 月 13 日	$2^{1,398,269} - 1$
36 番目	1997 年 8 月 24 日	$2^{2,976,221} - 1$
37 番目	1998 年 1 月 27 日	$2^{3,021,377} - 1$
38 番目	1999 年 6 月 1 日	$2^{6,972,593} - 1$
39 番目	2001 年 11 月 14 日	$2^{13,466,917} - 1$
40 番目	2003 年 11 月 17 日	$2^{20,996,011} - 1$
41 番目	2004 年 5 月 15 日	$2^{24,036,583} - 1$
42 番目	2005 年 2 月 27 日	$2^{25,964,951} - 1$
43 番目	2005 年 12 月 15 日	$2^{30,402,457} - 1$
44 番目	2006 年 9 月 4 日	$2^{32,582,657} - 1$
45 番目	2008 年 9 月 6 日	$2^{37,156,667} - 1$
46 番目	2009 年 4 月 12 日	$2^{42,643,801} - 1$
47 番目	2008 年 8 月 23 日	$2^{43,112,609} - 1$
48 番目	2013 年 1 月 25 日	$2^{57,885,161} - 1$
49 番目	2015 年 9 月 17 日	$2^{74,207,281} - 1$

ただし 45 番目以降の順番は見つかっている中での順位です．たとえば 48 番目と 49 番目の間に新しいメルセンヌ素数が隠れているかもしれません．46 番目は 47 番目が見つかった後に見つかりました．

2.2 素数を作る式

多項式 $f(x)$ で,$x = 1, 2, 3, \cdots$ のときの値

$$f(1),\ f(2),\ f(3),\ \cdots$$

がつねに素数となるような多項式はあるのでしょうか? 一変数の**素数生成式**とよばれていますが,残念なことにありません.しかしその値の多くが素数となるものは昔から知られています.

オイラーの二次式:

$$f(x) = x^2 + x + 41$$

$x = 0, 1, 2, 3, \cdots, 39$ までが素数となります.順番に

41	43	47	53	61	71	83	97	113
131	151	173	197	223	251	281	313	347
383	421	461	503	547	593	641	691	743
797	853	911	971	1033	1097	1163	1231	1301
1373	1447	1523	1601					

です.でも $f(40) = 1681 = 40^2 + 40 + 41 = 41 \times 41$ は素数でありません.

フロベニウスの二次式:

$$f(x) = 2x^2 + 2x + 19$$

$x = 0, 1, 2, 3, \cdots, 36$ としてみましょう.

19	23	31	43	59	79	103	131	163
199	239	283	331	383	439	499	563	631
703	779	859	943	1031	1123	1219	1319	1423
1531	1643	1759	1879	2003	2131	2263	2399	2539
2683								

$x = 18, 19, 21, 24, 28, 33$ のときの,703, 779, 943, 1219, 1643, 2263 を除いて素数になります.

ルビーの二次式:

$$f(x) = |36x^2 - 810x + 2753|$$

$x = 0, 1, 2, \cdots, 44$ まで素数となります.順番に

2753	1979	1277	647	89	397	811
1153	1423	1621	1747	1801	1783	1693
1531	1297	991	613	163	359	953
1619	2357	3167	4049	5003	6029	7127
8297	9539	10853	12239	13697	15227	16829
18503	20249	22067	23957	25919	27953	30059
32237	34487	36809				

です.でも $f(45) = 39203 = 197 \times 199$ は素数ではありません.

他にも素数をよく生成する式として,$4x^2 + 170x + 1847$ や $4x^2 + 4x + 59$ などが知られています.前者は $x = 0, 1, 2, \cdots, 39$ とすると,$x = 1, 7, 17, 20, 21, 27, 30, 31$ を除いて素数になり,後者は $x = 0, 1, 2, \cdots, 42$ とすると,$x = 14, 16, 20, 26, 34$ を除いて素数になります.

もし素数を生成する式があると大きな素数を容易に得ることができます．大きな素数は第 11 章の公開鍵の話で重要になります．また驚くべきことに，多変数の高次多項式を用いると，すべての素数を生成する素数生成式がたくさんあることが知られています．A.2 節を参照してください．

2.3 メルセンヌ素数

ところで素数 3,7,31,127 は

$$3 = 2^2 - 1$$
$$7 = 2^3 - 1$$
$$31 = 2^5 - 1$$
$$127 = 2^7 - 1$$

と書けます．また前に述べた GIMPS が見つけた大きな素数もみなこの形をしていました．一般に

$$2^n - 1$$

の形で書ける素数を**メルセンヌ素数**といいます．また

$$2^{2^n} + 1$$

の形でかける素数を**フェルマー素数**といいます．メルセンヌ素数およびフェルマー素数が無限個あるのか否かは未解決の問題です．

間違っても名を残す　　$n = 2, 3, 5, 7$ のとき，$2^n - 1$ が素数になることは古代ギリシャから知られていました．16世紀までにさらに $n = 13, 17, 19$ のときも $2^n - 1$ が素数となることが分かりました．1644 年にフランスの修道士マラン・メルセンヌは $2^n - 1$ が素数になるのは $n \leq 257$ では

$$n = 2, 3, 5, 7, 13, 17, 19, 31, 67, 127, 257$$

のときだけであると予想します．$n = 31$ のときはオイラーが 1750 年に正しいことを証明します．しかしその後の研究で予想は誤り．$n = 61, 89, 107$ が抜けていました．さらには $n = 67, 257$ のときは素数ではありませんでした．実際，$2^{67} - 1$ は，193707721 を約数にもちます．でもメルセンヌ素数としてメルセンヌの名前は残りました．1947 年までに，$n \leq 257$ では

$$n = 2, 3, 5, 7, 13, 17, 19, 31, 61, 89, 107, 127$$

のとき $2^n - 1$ が素数となることが分かりました．そして GIMPS により現在 49 個が発見され，44 番目までの順位が確定しています．

2.4　完全数

自分自身を除く約数の和が自分自身と等しくなってしまう数を**完全数**とよびます．自然数 n に対して，$\sigma(n)$ をその約数の和とすると

$$\sigma(n) - n = n$$

となる数です．次の数は完全数です．

$$6$$
$$28$$
$$496$$
$$8128$$
$$33550336$$
$$8589869056$$
$$137438691328$$
$$2305843008139952128$$

たとえば 6 の自分自身以外の約数は，$1, 2, 3$ です．このとき

$$1 + 2 + 3 = 6$$

です．28 の自分自身以外の約数は，$1, 2, 4, 7, 14$ です．このとき

$$1 + 2 + 4 + 7 + 14 = 28$$

です．ちょっと大変ですが

$$1 + 2 + 4 + 8 + 16 + 31 + 62 + 124 + 248 = 496$$
$$1 + 2 + 4 + 8 + 16 + 32 + 64 + 127 + 254$$
$$+ 508 + 1016 + 2032 + 4064 = 8128$$

となります．6 と 28 の完全数は古代から見つかっていました．古代の人は最初の完全数が 6 なのは「神が 6 日間で世界をつくったから」，次の完全数が 28 なのは「月の公転が 28 日だから」と考えていたようです．496 と 8128 はユークリッドは知っていま

した. でも彼はもっとすごいことに気づいていました.

完全数とメルセンヌ素数

定理 (ユークリッド)　　M がメルセンヌ素数であれば

$$\frac{M(M+1)}{2}$$

は完全数である.

本当でしょうか？　$M = 3, 7, 31, 127$ はメルセンヌ素数でしたね. このとき, $\frac{M(M+1)}{2}$ を計算すると

$$6, 28, 496, 8128$$

となります. ユークリッドは 4 個のメルセンヌ素数を知っていたので, 4 個の完全数も知っていたわけです. では, 逆は成り立つでしょうか？　完全数は必ずメルセンヌ素数をつかって $\frac{M(M+1)}{2}$ と書けるのでしょうか？

定理 (オイラー)　　偶数の完全数は, メルセンヌ素数 M を使って $\frac{M(M+1)}{2}$ と書ける.

この 2 つの定理の証明は付録 A.3 節で与えます. では奇数の完全数はどうなっているのかというと, まだ一つも見つかっていません. おおよそ 10^{300} までには存在しないことは 1991 年に調べられています.

予想 奇数の完全数は存在しない．

偶数の完全数を見つけるには，メルセンヌ素数を見つければよいことが分かりました．前に述べた最大の素数 $2^{74207281}-1$ はメルセンヌ素数ですから，それに対応する完全数が知られている最大の完全数です．

$$2^{74207281} \times (2^{74207281}-1)$$

です．知られている完全数は全部で 49 個になります．

2.5 友愛数

異なる 2 つの自然数 n, m の自分自身を除いた約数の和が，互いに他方と等しくなるとき，(n, m) のペアを**友愛数**といいます．前と同様に $\sigma(n)$ を n の約数の和とすれば

$$\begin{cases} \sigma(n) - n = m \\ \sigma(m) - m = n \end{cases}$$

となることです．たとえば

$$(220, 284)$$
$$(1184, 1210)$$
$$(2620, 2924)$$
$$(5020, 5564)$$
$$(6232, 6368)$$
$$(10744, 10856)$$
$$(12285, 14595)$$

$$(17296, 18416)$$
$$(63020, 76084)$$
$$(66928, 66992)$$

は友愛数です．友愛数の歴史は古く $(220, 284)$ はピタゴラスの頃から知られていました．実際に試してみましょう．

$$\sigma(220) - 220$$
$$= 1 + 2 + 4 + 5 + 10 + 11 + 20 + 22 + 44 + 55 + 110$$
$$= 284$$
$$\sigma(284) - 284 = 1 + 2 + 4 + 71 + 142 = 220$$

です．2 番目の友愛数も調べても見ましょう．

$$\sigma(1184) - 1184$$
$$= 1 + 2 + 4 + 8 + 16 + 32 + 37 + 74 + 148 + 296 + 592$$
$$= 1210$$
$$\sigma(1210) - 1210$$
$$= 1 + 2 + 5 + 10 + 11 + 22 + 55 + 110 + 121 + 242 + 605$$
$$= 1184$$

確かに $(1184, 1210)$ も友愛数です．ペアの数の小さな方の数が 10^{14} 以下の友愛数はすべて求められていて，その個数は 39374 個です．また現在ではおおよそ 1100 万組の友愛数が知られています．

数術　　「ピタゴラスの定理」(三平方の定理) で有名な

ピタゴラスは BC6 世紀の哲学者・数学者です.「万物の根源は数である」と考え,数の神秘性に注目しました.完全数や友愛数の研究もその一端です.おもしろいのは 2 は女性,3 が男性,そして 5 が結婚の数です.また数論のみならず正多角形の作図問題などの幾何学や弦の長さと音階といった音楽の問題にも業績を残します.その思想はピタゴラス学派とよばれる人々に受け継がれ,プラトンにも影響を与えています.この学派のシンボルは五芒星です (4.3 節参照).また数の神秘性は,姓名判断,西洋占星術,タロット占いなどにも発展していきます.

2.6 まだまだある不思議

素数や約数についていろいろとお話していますが,まだまだ不思議は尽きることがありません.いくつかの未解決問題を列挙してみましょう.

- メルセンヌ素数は無限に存在するか?
- フェルマー素数は無限に存在するか?
- 双子素数は無限に存在するか? (n と $n+2$ が素数のときが双子素数)
- ソフィー・ジェルマン素数は無限に存在するか? (n と $2n+1$ が素数のときがソフィー・ジェルマン素数)
- ゴールドバッハの予想:6 以上の自然数は 3 つの素数の和で書ける.(同値なオイラーの予想として,4 以上の偶数は 2 つの素数の和で書ける)
- フィボナッチ数列 (第 5 章) には素数が無限個現れるか?

- n^2+1 の形の素数は無限に存在するか？
- 任意の n に対して，n^2 と $(n+1)^2$ の間に素数は必ず存在するか？
- 偶数と奇数で組をなす友愛数は存在するか？
- 準完全数 ($\sigma(n)-n=n+1$) は存在するか？
- 2^n の形以外の概完全数 ($\sigma(n)-n=n-1$) は存在するか？

2.7 素数の個数

素数が無限個あることは最初にお話しました．では，どれくらいたくさん，それとも少しあるのでしょうか？ 正数 x を与えたとき，x 以下の素数の個数を $\pi(x)$ で表します．ガウス (1777-1855) は 15 歳の時に

$$\pi(x) \sim \int_2^x \frac{1}{\log t} dt \sim \frac{x}{\log x}$$

と予想します．$\sim$ は x が大きくなったとき，左辺の値は右辺の値に近づくことを意味します．また 2 番目の積分は**対数積分**とよばれ

$$\mathrm{Li}(x) = \int_2^x \frac{1}{\log t} dt$$

という記号で表されます．実際にこれらの値を調べてみると次の表のようになります．

x	$\pi(x)$	Li(x)	$x/\log x$
10	4	5	4
100	25	29	22
1000	168	177	145
10000	1229	1245	1086
100000	9592	9629	8686
1000000	78498	78627	72382
10000000	664579	664917	620421
100000000	5761455	5762208	5428681

ただし Li(x) と $\dfrac{x}{\log x}$ の値は小数点以下を四捨五入しています．ガウスの予想は正しそうですね．この予想は**素数定理**として 1896 年にアダマールとド・ラ・ヴァレー・プーサンによって独立に証明されました．彼らの証明はゼータ関数と複素関数論を用いる高度なものでしたが，1949 年にセルバーグとエルデシュは独立に初等的な証明を発見します．でも当然，難しいですよ．

ガウスの間違った予想　　素数定理に関してガウスの予想は正しかったですね．ところでガウスは

$$\pi(x) < \mathrm{Li}(x)$$

であるとも予想しました．リーマンも．さきほどの表で確認してください．でも 1914 年にリトルウッドがこの予想は正しくないことを証明しました．実際，x を大きくしていくとき，$\pi(x) - \mathrm{Li}(x)$ は何度も符号を変えることが分かっています．x が 1 億まで成り立っていても，すべての x では成り立たないのです．

第3章

A4用紙の三つ折

　今日のテーマは折り紙，といってもおなじみのA4用紙です．三つ折って難しいですよね．多くの人はちょっと筒状に丸めて何となく3等分できそうなところで，"えい"って折ってしまう．結果はいつもちょっとずれるのですが，"まあ，いいか"って納得します．この3等分点を正確に見つけようというのが，今日のテーマです．でも，紙を折って見つけるので少し折れ線が残ってしまい，あまり実用的ではないかもしれません．

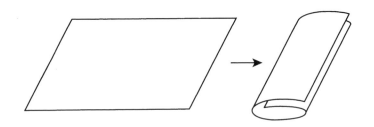

3.1　A4 紙の秘密

最初に A4 用紙について調べておきましょう．世の中には A3, A4, A5, B4, B5 などといった規格サイズがあります．A 判は国際規格，B 判は日本独自のサイズです．実際に縦と横の長さを測ってみると次のようになります．

A 判		B 判	
A0	841mm × 1189mm	B0	1030mm × 1456mm
A1	594mm × 841mm	B1	728mm × 1030mm
A2	420mm × 594mm	B2	515mm × 728mm
A3	297mm × 420mm	B3	364mm × 515mm
A4	210mm × 297mm	B4	257mm × 364mm
A5	148mm × 210mm	B5	182mm × 257mm
A6	105mm × 148mm	B6	128mm × 182mm
A7	74mm × 105mm	B7	91mm × 128mm
A8	52mm × 74mm	B8	64mm × 91mm
A9	37mm × 52mm	B9	45mm × 64mm
A10	26mm × 37mm	B10	32mm × 45mm

規則性に気づきましたか？　サイズが小さくなるとき，前の短い辺の長さが新しい長い辺の長さになり，前の長い辺の半分が新しい短い辺の長さになります．つまり前の長方形を長い辺で半分に折ったものが，新しい長方形になっているのです．

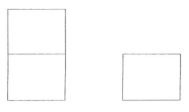

図 3.1 A_n と A_{n+1}

A_n (B_n) 用紙を半分に折ったものが, A_{n+1} (B_{n+1}) 用紙

次に縦と横の長さの比をとります. 長い辺の長さを短い辺の長さで割ると

A 判		B 判	
A0	$1189 \div 841 = 1.414$	B0	$1456 \div 1030 = 1.414$
A1	$841 \div 594 = 1.416$	B1	$1030 \div 728 = 1.415$
A2	$594 \div 420 = 1.414$	B2	$728 \div 515 = 1.414$
A3	$420 \div 297 = 1.414$	B3	$515 \div 364 = 1.415$
A4	$297 \div 210 = 1.414$	B4	$364 \div 257 = 1.416$
A5	$210 \div 148 = 1.419$	B5	$257 \div 182 = 1.412$
A6	$148 \div 105 = 1.410$	B6	$182 \div 128 = 1.422$
A7	$105 \div 74 = 1.419$	B7	$128 \div 91 = 1.407$
A8	$74 \div 52 = 1.423$	B8	$91 \div 64 = 1.422$
A9	$52 \div 37 = 1.405$	B9	$64 \div 45 = 1.422$
A10	$37 \div 26 = 1.423$	B10	$45 \div 32 = 1.406$

ちょっと誤差はあるものの比は一定のようです. もし上の比が一定値 x だとすると前の事実から

$$1 : x = \frac{x}{2} : 1$$

すなわち, $x^2 = 2$ となり, $x = \sqrt{2} = 1.4142\cdots$ となります. 規格用紙は

$$\text{短い辺の長さ} : \text{長い辺の長さ} = 1 : \sqrt{2}$$

に作ってあります. なぜかといえば前の事実です. すなわち, 半分に折っても辺の比は変わらない, 見栄えが半分にしても同じで便利だからです. この

$$1 : \sqrt{2}$$

を**白銀比** (Platinum ratio) とよぶことがあります. 次の図のように正方形の対角線を使えば作れますね. では最初の大きさ A0 紙 841mm × 1189mm, B0 紙 1030mm × 1456mm はどうやって決めたのでしょうか？ 面積を調べてみましょう.

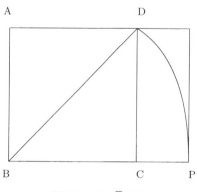

図 **3.2** 1:$\sqrt{2}$ の作り方

$$A0 \text{ 紙の面積} \quad 841\text{mm} \times 1189\text{mm} = 999949\text{mm}^2$$
$$\approx 1\text{m}^2$$
$$B0 \text{ 紙の面積} \quad 1030\text{mm} \times 1456\text{mm} = 1499680\text{mm}^2$$
$$\approx 1.5\text{m}^2$$

となっています．面積を基準に決めたようですね．B判は江戸時代の幕府の御用紙であった美濃和紙に由来します．

A4紙は世界標準？ アメリカから手紙をもらうとちょっと多きさが違うことに気づきます．Zerox社の標準用紙(レターサイズ)は8.5インチ11インチです．1インチは約25.4mmですから，レターサイズは215.9mm×279.4mmになります．A4用紙が210mm×297mmですから，レターサイズは幅が広がって長さが短かくなっています．一方，欧州ではコピー紙の9割がA4紙です．日本ではA4, B4, B5など多様な用紙が使われています．お国柄でしょうか．

3.2 整数比を探そう

さて，いよいよ折り紙です．紙は前節で述べた規格紙を使います．すぐに手に入るA4紙を用意しましょう．一般には辺の長さの比が $1:\sqrt{2}$ である紙であればなんでもかまいません．ここで適当に紙を折ってみましょう．するといくつかの整数比が取り出せます．以下の計算で使うのは相似比とピタゴラスの定理です．復習しておきましょう．

ピタゴラスの定理　　三平方の定理ともいいます．この定理が最初に登場するのはメソポタミア文明 (BC19 世紀〜BC16 世紀) です．さらには BC6 世紀のインドでも発見され，中国では『周髀算経』(BC2 世紀) という数学の本に登場します．ピタゴラスは 1000 年前の楔(くさびがた)形文字板からこの定理を得たとの説もあります．図のように直角三角

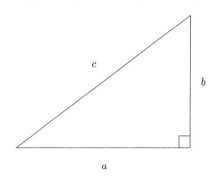

図 **3.3**　$a^2 + b^2 = c^2$

形の三辺を a, b, c としたとき，$a^2 + b^2 = c^2$ となります．とくに a, b, c が自然数のとき，a, b, c を**ピタゴラス数**といいます．なぜピタゴラスの名前だけが残ったのでしょうか？　たぶん，最初に証明したからのようです．この定理の別証明については 100 種類ぐらい知られています．レオナルド・ダ・ヴィンチの証明や第 20 代アメリカ大統領ガーフィールドの証明などがあります．

a)　A4 紙 ABCD を次ページの図のように置きます．AD の中点 M を求めましょう．A と D を重ねれば求まります．次に C

とMを重ねましょう．このとき，BCとABの交点をP，CDの折れる点をQとしましょう．

$$AP : PB \text{ および } DQ : QC \text{ を求めよ．}$$

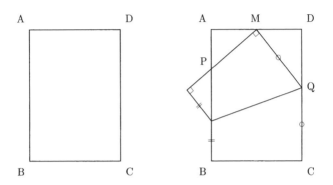

答え：AB=$\sqrt{2}$，AD=1として一般性を失いません．このとき，AP=x，DQ=yとしましょう．ピタゴラスの定理を使えば，

$$MQ^2 = \left(\frac{1}{2}\right)^2 + y^2$$

です．MQ=QC=$\sqrt{2}-y$ですから

$$\frac{1}{4} + y^2 = (\sqrt{2}-y)^2 = y^2 - 2\sqrt{2}y + 2$$

となります．よって

$$y = \frac{7}{16}\sqrt{2}$$

を得ます．次に，△APMと△MQDが相似であることに注意しましょう．よって

$$\frac{1}{2} : \frac{7}{16}\sqrt{2} = x : \frac{1}{2}$$

これより

$$\frac{7}{16}\sqrt{2} \times x = \frac{1}{2} \times \frac{1}{2}$$
$$x = \frac{2}{7}\sqrt{2}$$

となります．以上のことから

$$\mathrm{AP} : \mathrm{PB} = \frac{2}{7}\sqrt{2} : \sqrt{2} - \frac{2}{7}\sqrt{2} = 2 : 5$$
$$\mathrm{DQ} : \mathrm{QC} = \frac{7}{16}\sqrt{2} : \sqrt{2} - \frac{7}{16}\sqrt{2} = 7 : 9$$

いずれの場合もきれいな整数比が出てきました．

b) 今度は A4 紙 ABCD を図のように置きます．前と同じように AD の中点 M を求めます．次に C と M を重ねましょう．このとき，BC の折れる点を P，CD の折れる点を Q としましょう．このとき

BP : PC および DQ : QC を求めよ．

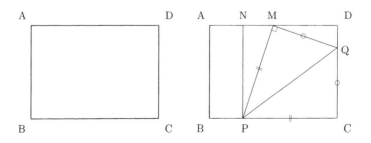

答え: AB= 1, AD= $\sqrt{2}$ として一般性を失いません. このとき, PC= x, DQ= y としましょう. MQ=QC= $1-y$ ですから, △MDQ にピタゴラスの定理を使えば

$$(1-y)^2 = \left(\frac{\sqrt{2}}{2}\right)^2 + y^2$$

となり, $y = \frac{1}{4}$ です. したがって, MQ= $\frac{3}{4}$ です.

P から AD への垂線の足を N としましょう. このとき △NPM と △MQD が相似であることに注意しましょう. よって

$$1 : x = \frac{\sqrt{2}}{2} : \frac{3}{4}$$

です. これより

$$x = \frac{3}{4}\sqrt{2}$$

となります. $x = $ PM = PC に注意して

$$\text{BP} : \text{PC} = \sqrt{2} - \frac{3}{4}\sqrt{2} : \frac{3}{4}\sqrt{2} = 1 : 3$$

$$\text{DQ} : \text{QC} = \frac{1}{4} : 1 - \frac{1}{4} = 1 : 3$$

いずれの場合もきれいな整数比が出てきました.

3.3 3 等分点の求め方

さていよいよ A4 紙の 3 等分点の求め方を二つ紹介します.

A4 紙 ABCD を次ページの図のように置きます. ここで対角線 AC で紙を二つに折ります (これが結構難しいですね). 頂点

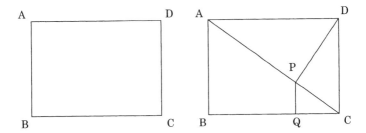

がB, Dの山が二つできますね．次にDから対角線への垂線で折ります．頂点Dの山が2等分されます．紙を広げると対角線ACと頂点Dで2等分した線が交差します．この交点をPとしましょう．このPが求める3等分点です．すなわち，PからBCへの垂線の足をQとすると

$$BQ : QC = 2 : 1.$$

となります．

証明してみましょう．QC$=x$としましょう．対角線ACの長さは

$$\sqrt{1^2 + (\sqrt{2})^2} = \sqrt{3}$$

です．ここで△ABCと△PQCは相似ですから

$$\sqrt{2} : x \;=\; 1 : PQ$$

です．これより

$$PQ = \frac{\sqrt{2}}{2} x$$

となります．同様に

$$\sqrt{2} : x = \sqrt{3} : \mathrm{PC}$$

ですから

$$\mathrm{PC} = \frac{\sqrt{3}}{\sqrt{2}} x$$

となります．ところで $\triangle \mathrm{PQC}$ と $\triangle \mathrm{DPC}$ も相似ですから

$$\mathrm{PQ} : \mathrm{PC} = \frac{\sqrt{2}}{2} x : \frac{\sqrt{3}}{\sqrt{2}} x = \mathrm{PC} : \mathrm{CD} = \frac{\sqrt{3}}{\sqrt{2}} x : 1$$

となります．これより

$$x = \frac{\sqrt{2}}{3}$$

となり

$$\mathrm{BQ} : \mathrm{QC} = \sqrt{2} - \frac{\sqrt{2}}{3} : \frac{\sqrt{2}}{3} = 2 : 1$$

が得られます．

もう1つの3等分の方法を紹介しましょう．

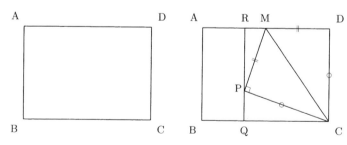

A4 紙 ABCD を前ページの図のように置きます．AD の中点を M とし，MC で折ります．D の移った点を P としましょう．この P が求める 3 等分点です．すなわち，P から BC への垂線の足を Q とすると

$$BQ : QC = 1 : 2.$$

証明してみましょう．QC$=x$ とし，P から AD への垂線の足を R としましょう．

$$PM = MD = \frac{\sqrt{2}}{2}, \quad RM = x - \frac{\sqrt{2}}{2}$$

です．また PC=CD= 1, PQ= $\sqrt{1-x^2}$ となります．△PMR と △PQC は相似ですから

$$x - \frac{\sqrt{2}}{2} : \frac{\sqrt{2}}{2} = \sqrt{1-x^2} : 1$$

となります．これより

$$3x^2 - 2\sqrt{2}x = 0$$

$$x(3x - 2\sqrt{2}) = 0$$

ですから，$x = \dfrac{2\sqrt{2}}{3}$ です．よって

$$BQ : QC = \sqrt{2} - \frac{2\sqrt{2}}{3} : \frac{2\sqrt{2}}{3} = 1 : 2$$

となります．

折り紙の 3 等分　辺の比が $1:\sqrt{2}$ の紙を使いましたが,一般の紙ではどうでしょうか？ a) の折り方を $AB = a$, $AD = 1$ の紙でやってみましょう.

$AP = x$, $DQ = y$ とすると前と同様に

$$MQ^2 = \left(\frac{1}{2}\right)^2 + y^2$$

$MQ = a - y$ より

$$y = \frac{4a^2 - 1}{8a}$$

を得ます. よって

$$\frac{1}{2} : \frac{4a^2 - 1}{8a} = x : \frac{1}{2}$$

となり

$$x = \frac{8a}{4(4a^2 - 1)}$$

となります. $PB = a - x$ より

$$AP : PB = 8a : 4(4a^2 - 1) - 8a$$

です.

ここで $a = 1$ とすると

$$AP : PB = 8 : 4 = 2 : 1$$

ですね. そうです. 折り紙 (正方形の紙) を 3 等分するには a) の折り方でよいのです.

第 4 章

黄金比の不思議

　ダン・ブラウンの小説『ダ・ヴィンチ・コード』は世界的なベスト・セラーになりました．2006 年 5 月にはロン・ハワード監督によって映画化もされました．主演はトム・ハンクスです．物語はルーブル美術館で起きた殺人事件から始まり，その現場には黄金比やフィボナッチ数列が残されていました．レオナルド・ダ・ヴィンチのエピソードに絡み，キリストの時代からの秘密結社の存在が … 今回と次回は黄金比とフィボナッチ数列を取り上げましょう．

　二次方程式
$$x^2 - x - 1 = 0$$
の解は
$$x = \frac{1 \pm \sqrt{5}}{2}$$
です．二つの解のうち正の解に注目しましょう．

$$1 : \frac{1+\sqrt{5}}{2} = 1 : 1.61803\cdots \approx 5 : 8$$

を**黄金比** (Golden ratio) といいます．何で黄金なの？ じつはこの比は数学のいたるところに，そして日常生活にもたびたび登場する不思議な比なのです．なぜか？ この比は人間がもっとも美しく感じる (とされている) 比なのです．

4.1 ユークリッドの問題

ユークリッドの著作『原論 (The Elements)』に黄金比は登場します．原論の第 2 巻命題 3 を解いてみましょう．

> 線分を二つに分けなさい．小さい部分と全体でできる長方形の面積と大きい部分でできる正方形の面積が等しいとき，小さい部分と大きい部分の比を求めなさい．

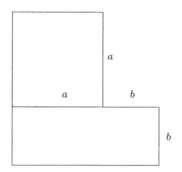

図 **4.1** 線分の分割

ちょっとまわりくどい表現ですが，図をよく見てください．問題は

$$(a+b)b = a^2$$

のとき，$b:a$ を求めよということになります．この式を整理すれば

$$a^2 - ab - b^2 = 0$$

ですので両辺を b^2 で割れば

$$\left(\frac{a}{b}\right)^2 - \left(\frac{a}{b}\right) - 1 = 0$$

となります．$x = \dfrac{a}{b}$ とすれば最初の二次方程式です．したがって，$a, b > 0$ ですから

$$\frac{a}{b} = \frac{1+\sqrt{5}}{2}$$

となり

$$b:a = 1 : \frac{1+\sqrt{5}}{2}$$

となります．

ユークリッドと『原論』　　ユークリッド は BC3 世紀ごろのエジプトの数学者です．もう一人の同名人と区別するために活躍した場所を付けてアレクサンドリアのエウクレイデス (ユークリッドは英語名) ともよばれます．しかし実際の生い立ちはあまりよく分かっていません．実在を疑う人もいます．『原論』は彼と彼の後継者によって編纂されたギリシャ数学の集大成です．数学を論証的学問として位置づけ，その論証法がその後のあらゆる学問の基礎になり

ます．全部で 13 巻からなり，そのうち 1〜4 巻と 6 巻が初等幾何 (平面図形，面積，円の性質，内外接図形，図形と比) に関するものです．この部分は近年まで広く教科書として使われ，『聖書』の次に読まれている本ともいわれています．日本でも明治時代の幾何の教科書でした．他には比例論，数論，無理数論，立体図形，面積・体積，正多面体などが扱われています．

ユークリッドに数学を教わっていたプトレマイオス 1 世は，あるとき彼に尋ねました．「原論を読まなくても幾何学を学ぶ近道はないのか？」難しかったのでしょう．このときユークリッドは「幾何学に王道はなし」と答えました．

4.2 黄金比

白銀比 $1:\sqrt{2}$ は正方形とその対角線で作ることができました．黄金比はどうすれば簡単に作ることができるでしょうか？ 答えは次ページの図 4.2 のように正方形 ABCD を用意します．これを MN で半分にし，右側の長方形 MNCD の対角線 ND を引きます．これを N を中心に回転させて P をとります．このとき，AB:BP が黄金比です．

実際に AB=1 とすると，NC=$\dfrac{1}{2}$ です．ピタゴラスの定理を使えば，ND=$\dfrac{\sqrt{5}}{2}$ となります．したがって

$$AB:BP = 1 : \frac{1}{2} + \frac{\sqrt{5}}{2} = \frac{1+\sqrt{5}}{2}$$

です．白銀比の話では，"紙を半分にしても縦横の比は変わらな

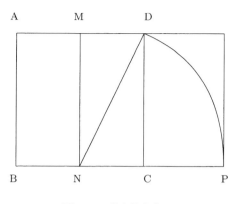

図 **4.2** 黄金比を作る

い"という美しい性質を紹介しましが,黄金比ではどんな性質があるでしょうか? 黄金比の場合,次の図のように

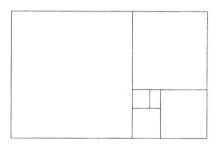

図 **4.3** 正方形を切り取る

正方形を切り取っても縦横の比 (黄金比) は変わらない

確かめてみましょう．上で述べた黄金比の長方形の作り方から残った長方形の底辺は

$$\frac{\sqrt{5}}{2} - \frac{1}{2} = \frac{\sqrt{5}-1}{2}$$

です．よって縦横の比は

$$\frac{\sqrt{5}-1}{2} : 1 = 1 : \frac{1+\sqrt{5}}{2}$$

となり黄金比となります．最後のところの計算は大丈夫ですか？

$$\frac{1}{\frac{\sqrt{5}-1}{2}} = \frac{2}{\sqrt{5}-1} = \frac{2(\sqrt{5}+1)}{4} = \frac{1+\sqrt{5}}{2}$$

です．順次に正方形を切り取っていっても残る長方形の縦横の比はつねに黄金比なのです．

4.3　ペンタクルと黄金比

次ページの図のように円に正五角形 ABCD が内接しています．

このとき

$$AB : AC = 1 : \frac{1+\sqrt{5}}{2}$$

となります．確かめてみましょう．AB$=x$, AC$=y$ としましょう．AC と BE の交点を P とすると，△APB と △ABC は相似であることが分かります．また △BCP は二等辺三角形です．したがって，AP=AC−CP=$y-x$ です．よって

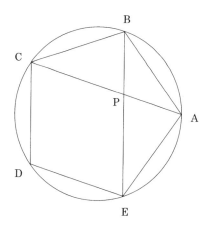

図 **4.4** 内接正 5 角形

$$x : y-x \;=\; y : x$$

$(y-x)y = x^2$ より，$y^2 - xy - x^2 = 0$ です．前と同様に

$$\frac{y}{x} = \frac{1+\sqrt{5}}{2}$$

となり求める結果が得られます．

ペンタクル　　内接正五角形の五つの頂点を結ぶと星型できますよね．これが**ペンタクル (五芒星)** です．世界でもっとも古い象徴の一つで，四千年以上も前から登場します．ピタゴラス学派も使っていました．ダ・ヴィンチ・コードでも書かれていたように，五芒星はキリスト教における異教の象徴でした．南フランスのテンプル騎士団のベ

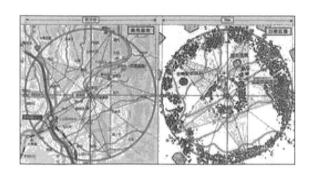

図 4.5　大湯・万座環状列石

ズ城跡，ブランシュフォール城跡，レンヌ・ル・シャトー，他の二つの頂上を繋ぐと正五角形になるとか．これらにまつわる財宝伝説については A.12 節でコメントしました．日本でも五角形の竪穴住居が見つかったり，環状列石が五芒星にもとづくとの説もあります．平安時代の陰陽師安部清明の呪符も五芒星でした．

4.4　生活の中の黄金比

いろいろなところにペンタクルや黄金比は登場します．まずはレオナルド・ダ・ヴィンチ (1452-1519) です．彼の『ウィトルウィルス的人体図』を見てみましょう．ウィトルウィルスは古代ローマの建築家でシーザーに仕えます．そして 10 巻におよぶ『建築論』を書きました．ダ・ヴィンチは彼の建築論の原理をもとに

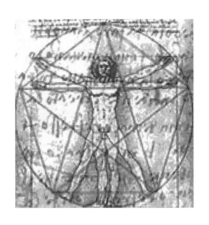

図 4.6　ウィトルウィルス的人体図

この素描を描きました．そして人体の様々なところに黄金比が存在すると主張しました．たとえば

臍(へそ)から足までの長さ：身長

肘から指先までの長さ：肩から指先までの長さ

などです．また彼やボッティチェルリ (1444-1510) の絵画にはたくさんのペンタクルや黄金比が隠されています．たとえばニコラ・プーサン (1594-1665) の次の絵にもペンタクルが読み取れます．ダ・ヴィンチ・コードによればボッティチェルリはシオン修道会の会員でした．そしてじつはプーサンの絵も財宝伝説に関連しています．A.12 節を参照してください．このように美しさはペンタクルにもとづくと考えられていました．ペンタクルは古代からもっともよく使われた象徴でした．そこに隠れている黄金比

図 4.7　アルカディアの羊飼い

が次第に美しさの基準となっていったのでしょうか？

アテネのパンテオン神殿も黄金比にもとづいて建てられています．またミロのビーナスにも黄金比が隠されいます．

図 4.8　パンテオン神殿

図 4.9 ミロのビーナス

　生物の世界にも黄金比が隠れています．次ページのように切り取られる正方形の図に 4 分円を描いてみましょう．螺旋模様 (A6 節参照) ができます．これってオウム貝と同じですね．それにヒトデも脚をつなげば正五角形です．

　最後に身の回りの黄金比を探してみましょう．最初は iPod です．ジョナサン・イヴのチームによりデザインされました．横と縦の比をとると 61.8mm : 103.5mm = 1 : 1.67 と黄金比に近い値になっています．どこまで意識したかは定かではありませんが，みなさんは無意識の内に美しいと感じている？　FUJI FILM のデジカメ FinePix (2004 年) は "黄金比ボディー" と宣伝していましたね．また Cannon の新 Ixy (2012 年) も黄金比フォルムを強調しています．地デジテレビの画素の縦横比 (アスペクト比) は

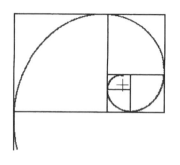

図 4.10　4 分円でできる螺旋とオウム貝

3：4 ですが，これを横方向に伸ばして画角の縦横比は 9:16 です．画面の縦横比は黄金比に近いですね．もっともこの比は映画放送のときの互換性から決まったようです．クレジットカード (JIS2 型) は 54mm × 85.6mm ですので，縦横比は 1:1.59，名刺 (普通型 4 号) は 55mm × 91mm ですので，縦横比は 1:1.65 です．官製はがきは 100mm × 148mm ですので，この縦横比は 1:1.48 です．この場合は黄金比よりも白銀比 $1:\sqrt{2}$ に近いですね．マイナンバーカードはどうでしょうか？

図 **4.11** マイナンバーカード (総務省のホームページから)

4.5 日本人は白銀比が大好き

黄金比の建物や絵画を紹介しましたが、みな西洋のものですね。日本の建築や絵画 (大和絵) はどうでしょうか？ じつはあまり黄金比は使われていません。むしろ非常に稀です。多くは白銀比

$$1 : \sqrt{2}$$

が使われています。この比は大和比ともよばれます。3 章の A4 用紙の縦横比です。鳥獣人物戯画や風神雷神図で確認してみてください。また Wolfgang von Wersin (1882 − 1976) はその著書『Book of Rectangles』(1956 年) の中でデザインに重要な 12 個の長方形を提唱しています。もちろん正方形と黄金比の長方形は含まれています。

第 5 章

フィボナッチ数列と黄金比

『ダ・ヴィンチ・コード』にも登場した

$$1, 1, 2, 3, 5, 8, 13, 21, 34, 55, 89, 144, 233 \cdots$$

となる数列が**フィボナッチ数列**です.規則を見つけましたか? 二つ前と一つ前の数を足すことによって数が決まっていきます.数列の一般項を a_n とすれば

$$a_n = a_{n-1} + a_{n-2}$$

となります.

$$a_{n+2} = a_{n+1} + a_n$$

と書いても同じ規則ですね.規則は同じでも出発点を変えると別の数列が出てきます.フィボナッチ数列の出発は $a_1 = a_2 = 1$ でしたが,これを $a_1 = 1, a_2 = 3$ とすると

$$1, 3, 4, 7, 11, 18, 29, 47, 76, 123, 199, 322, \cdots$$

となります.この数列は**リュカ数列**とよばれています.

5.1 フィボナッチ数列の性質

フィボナッチ数列は漸化式 $a_n = a_{n-1} + a_{n-2}$ で作られますから, いろいろときれいな性質を持っています. たとえば

$$1 + 1 + 2 + 3 + 5 + 8 + 13 + 21 + 34 + 55 = 143 = 144 - 1$$
$$1 + 2 + 5 + 13 + 34 = 55$$
$$1 + 3 + 8 + 21 + 55 = 88 = 89 - 1$$

ですね. 一般に

(a) $a_1 + a_2 + a_3 + \cdots + a_n = a_{n+2} - 1$
(b) $a_1 + a_3 + a_5 + \cdots + a_{2n-1} = a_{2n}$
(c) $a_2 + a_4 + a_6 + \cdots + a_{2n} = a_{2n+1} - 1$

となります. 実際, 漸化式から $a_{n-2} = a_n - a_{n-1}$ です. すなわち $a_n = a_{n+2} - a_{n+1}$ に注意すれば

$$a_1 + a_2 + a_3 + \cdots + a_n$$
$$= (a_3 - a_2) + (a_4 - a_3) + (a_5 - a_4) + \cdots + (a_{n+2} - a_{n+1})$$
$$= a_{n+2} - a_2 = a_{n+2} - 1$$

また $a_{n-1} = a_n - a_{n-2}$, すなわち $a_n = a_{n+1} - a_{n-1}$ に注意すれば

$$a_1 + a_3 + a_5 + \cdots + a_{2n-1}$$
$$= a_1 + (a_4 - a_2) + (a_6 - a_4) + \cdots + (a_{2n} - a_{2n-1})$$
$$= a_1 - a_2 + a_{2n} = a_{2n}$$

$$a_2 + a_4 + a_6 + \cdots + a_{2n}$$
$$= (a_3 - a_1) + (a_5 - a_3) + (a_7 - a_5) + \cdots + (a_{2n+1} - a_{2n-1})$$
$$= a_{2n+1} - a_1 = a_{2n+1} - 1$$

となります. 2乗和に関しても

$$1^2 + 1^2 + 2^2 + 3^2 + 5^2 + 8^2 + 13^2 = 273 = 13 \times 21$$

すなわち

(d)　$a_1^2 + a_2^2 + a_3^2 + \cdots + a_n^2 = a_n a_{n+1}$

が成り立ちます. 実際 $a_n = a_{n+1} - a_{n-1}$ でしたから, $a_n^2 = a_n a_{n+1} - a_n a_{n-1}$ となり

$$a_1^2 + a_2^2 + a_3^2 + \cdots + a_n^2$$
$$= a_1^2 + (a_2 a_3 - a_2 a_1) + (a_3 a_4 - a_3 a_2) + \cdots + (a_n a_{n+1} - a_n a_{n-1})$$
$$= a_1^2 - a_2 a_1 + a_n a_{n+1} = a_n a_{n+1}$$

となります. 次のようにピタゴラス数 (3.2 節) を作ることもできます.

(e)　$(a_n a_{n+3})^2 + (2a_{n+1} a_{n+2})^2 = (a_{n+1}^2 + a_{n+2}^2)^2$

確かめてみましょう.

$$(a_n a_{n+3})^2 + (2a_{n+1} a_{n+2})^2$$
$$= ((a_{n+2} - a_{n+1})(a_{n+2} + a_{n+1}))^2 + (2a_{n+1} a_{n+2})^2$$
$$= (a_{n+2}^2 - a_{n+1}^2)^2 + 4a_{n+1}^2 a_{n+2}^2$$
$$= (a_{n+2}^2 + a_{n+1}^2)^2.$$

5.2 フィボナッチ数列と黄金比

この数列と第 4 章の黄金比は密接に関係しています．ここで二つの項の比を計算してみましょう．

$$\frac{a_2}{a_1} = \frac{1}{1} = 1$$

$$\frac{a_3}{a_2} = \frac{2}{1} = 2$$

$$\frac{a_4}{a_3} = \frac{3}{2} = 1.5$$

$$\frac{a_5}{a_4} = \frac{5}{3} = 1.6666$$

$$\frac{a_6}{a_5} = \frac{8}{5} = 1.6$$

$$\frac{a_7}{a_6} = \frac{13}{8} = 1.625$$

$$\frac{a_8}{a_7} = \frac{21}{13} = 1.6153$$

$$\frac{a_9}{a_8} = \frac{34}{21} = 1.6190$$

何となく項の比が収束しそうです．実際

$$\lim_{n \to \infty} \frac{a_{n+1}}{a_n} = \frac{1+\sqrt{5}}{2} = 1.618033\cdots$$

となります．ここに黄金比が登場しました．

どうしてか証明してみましょう．簡単のため

$$b_n = \frac{a_{n+1}}{a_n}$$

としましょう．$a_{n+2} = a_{n+1} + a_n$ ですから，a_{n+1} で両辺を割れば

$$b_{n+1} = 1 + \frac{1}{b_n}$$

です．もし数列 b_n が正の極限 α をもてば，上の式で $n \to \infty$ として

$$\alpha = 1 + \frac{1}{\alpha}$$

となります．したがって

$$\alpha^2 - \alpha - 1 = 0$$

です．α は第 4 章でお馴染みの二次方程式の正の解ですから

$$\lim_{n \to \infty} b_n = \lim_{n \to \infty} \frac{a_{n+1}}{a_n} = \frac{1 + \sqrt{5}}{2}$$

となります．これで証明終わり，といいたいのですがこれでは不十分です．どこが不十分だか気がつきましたか？ 上の議論では "数列 b_n が正の極限 α をもてば" と仮定した上での議論です．したがってこの仮定が正しいことを示さなくてはなりません．ちょっと複雑なので A.5 節で示します．

5.3 連分数と黄金比

変わった分数の問題です．

$$1 + \cfrac{1}{1 + \cfrac{1}{1 + \cfrac{1}{1 + \cfrac{1}{1 + \cdots}}}}$$

はいくつでしょうか？ このような分数を**連分数**といいます．答えは黄金比

$$\frac{1+\sqrt{5}}{2}$$

です．どうしてでしょうか？ この連分数を x としましょう．この連分数は同じ規則で下に伸びて行きますから

$$x = 1 + \frac{1}{x}$$

を満たします．したがって，x はお馴染みの二次方程式 $x^2 - x - 1 = 0$ の正の解となります．

連分数と無理数　　ところで $\sqrt{2}$ も連分数で書けます．

$$\sqrt{2} - 1 = \frac{1}{\sqrt{2}+1}, \quad \sqrt{2} + 1 = 2 + (\sqrt{2} - 1)$$

ですから

$$\begin{aligned}\sqrt{2} &= 1 + \frac{1}{\sqrt{2}+1} = 1 + \frac{1}{2 + (\sqrt{2}-1)} \\ &= 1 + \cfrac{1}{2 + \cfrac{1}{\sqrt{2}+1}}\end{aligned}$$

5.3　連分数と黄金比　　55

$$= 1 + \cfrac{1}{2 + \cfrac{1}{2 + \cfrac{1}{2 + \cfrac{1}{2 + \cdots}}}}$$

となります．一般にある数が無理数であることと，無限につながる連分数表示を持つことは同値であることが知られています．

前の数列 b_n との関係に気がつきましたか？

$$b_{n+1} = 1 + \frac{1}{b_n}, \quad b_1 = 1$$

でした．したがって

$$b_2 = 1 + \frac{1}{1}$$

$$b_3 = 1 + \cfrac{1}{1 + \cfrac{1}{1}}$$

$$b_4 = 1 + \cfrac{1}{1 + \cfrac{1}{1 + \cfrac{1}{1}}}$$

$$\cdots\cdots$$

となっていきます．前の連分数と同じ構造です．よって

$$\lim_{n \to \infty} b_n = \frac{1 + \sqrt{5}}{2}$$

です．

次のような根号の繰り返し

$$\sqrt{1+\sqrt{1+\sqrt{1+\sqrt{1+\cdots}}}}$$

はいくつでしょうか？ 答えはやはり

$$\frac{1+\sqrt{5}}{2}$$

です．どうしてかといえば，上の数を x とすると

$$x = \sqrt{x+1}$$

ですね．両辺を 2 乗すれば，やはり $x^2 - x - 1 = 0$ の正の解です．

5.4 一般項は

フィボナッチ数列は $a_1 = a_2 = 1$, $a_{n+2} = a_{n+1} + a_n$ と漸化式で定義されました．次のような漸化式を用いない一般項による表示も知られています．

$$a_n = \frac{1}{\sqrt{5}}\left(\left(\frac{1+\sqrt{5}}{2}\right)^n - \left(\frac{1-\sqrt{5}}{2}\right)^n\right)$$

どうしてでしょうか？ 考えて見ましょう．$x^2 - x - 1 = 0$ の 2 つの解を

$$\alpha = \frac{1+\sqrt{5}}{2}, \ \ \beta = \frac{1-\sqrt{5}}{2}$$

としましょう．

$$\alpha + \beta = 1, \quad \alpha - \beta = \sqrt{5}, \quad \alpha\beta = -1$$

です.ところで

$$\begin{aligned}\beta(a_{n+1} - \alpha a_n) &= \beta a_{n+1} + a_n \\ &= \beta a_{n+1} + a_{n+2} - a_{n+1} \\ &= a_{n+2} - \alpha a_{n+1}\end{aligned}$$

ですから,$a_0 = 0$ として

$$a_{n+1} - \alpha a_n = \beta(a_n - \alpha a_{n-1}) = \cdots = \beta^n(a_1 - \alpha a_0) = \beta^n$$

同様に

$$\begin{aligned}\alpha(a_{n+1} - \beta a_n) &= \alpha a_{n+1} + a_n \\ &= \alpha a_{n+1} + a_{n+2} - a_{n+1} \\ &= a_{n+2} - \beta a_{n+1}\end{aligned}$$

したがって

$$a_{n+1} - \beta a_n = \alpha(a_n - \beta a_{n-1}) = \cdots = \alpha^n(a_1 - \beta a_0) = \alpha^n$$

です.よって辺辺を引けば

$$(\alpha - \beta)a_n = \alpha^n - \beta^n$$

となり

$$a_n = \frac{1}{\sqrt{5}}\left(\left(\frac{1+\sqrt{5}}{2}\right)^n - \left(\frac{1-\sqrt{5}}{2}\right)^n\right)$$

が得られました.

5.5　生活の中のフィボナッチ数列

われわれの日常生活のなかにもフィボナッチ数列が隠れています．いくつか探して見ましょう．

花びら　花びらの枚数を数えてみましょう．これが結構，大変です．どこから花びらなのか分からない花や花びら同士がくっついているものもあります．菊などは花びらが多くて数え間違えてしまいそうです．一般に花びらの枚数は，フィボナッチ数列やリュカ数列に現れる数が多いといわれています．たとえばツユクサ：2枚，チューリップ：3枚，桜草：5枚，コスモス：8枚，マリーゴールド：13枚，マーガレット：21枚，松葉菊：34枚，ガーベラ：55枚などです．菊には34枚，55枚，89枚の種類があるそうです．アブラナ：4枚，ホンシャクナゲ：7枚はリュカ数です．もちろん例外もありクロユリは6枚です．でも全体からみると非常に少ないそうです．花びらではありませんが，まつかさ，ひまわりの種，サボテンの針，パイナップルの模様などに螺旋模様が見られますよね．この線に沿って種や針を数えると，やはり34とか55などのフィボナッチ数が登場します．

葉序　茎に付く葉の付き方です．茎を上から眺めて見ましょう．葉は茎の周りを決まった角度で取り巻いていることに気がつきます．ここで

$$\frac{回転数}{葉の数} \times 360°$$

を考えて見ましょう．チューリップは2枚の葉ですから2枚で茎を一周，すなわち $\frac{1}{2} \times 360$ 度ごとに葉がついています．ブナ，

ハシバミ，カヤツリグサの葉は $\frac{1}{3} \times 360$ 度ごと，サクラ，リンゴ，ウメ，アンズでは $\frac{2}{5} \times 360$ 度ごと，オオバコ，ポプラ，アブラナ，バラでは $\frac{3}{8} \times 360$ 度ごと，タンポポ，セイタカアワダチソウ，ネコヤナギでは $\frac{5}{13} \times 360$ 度ごと，マツでは $\frac{8}{21} \times 360$ 度ごとに葉が付いています．このとき数列

$$\frac{1}{2}, \frac{1}{3}, \frac{2}{5}, \frac{3}{8}, \frac{5}{13}, \frac{8}{21}$$

はフィボナッチ数列と関係していますね．

フィボナッチ音楽 ハンガリーの作曲家ベラ・バルトークはピアノ曲「アレグロ・バルバーロ」(1911年) を発表しました．この曲では和音の連打が曲中に回帰して現れ，その小節数が，3小節，5小節，8小節，13小節のいずれかになっています．通常の音楽では 2, 4, 8, 16 小節です．

フィボナッチ人間 フランスの近代建築家ル・コルビュジエ (1887-1965) はフィボナッチ数列をもとに，人体の寸法体系を作りました．**モデュロール**－ module d'or －黄金のモデュールとよばれます．人体の標準寸法を 183cm，片手を上げたときの高さを 226cm，臍の位置を 113cm と設定しています．

$$\frac{113}{226} = \frac{1}{2}, \ \frac{226-183}{113} = \frac{43}{113} = 0.381\cdots \approx \frac{3}{8}$$

$$\frac{183}{113} = 1.619\cdots \approx \frac{1+\sqrt{5}}{2}$$

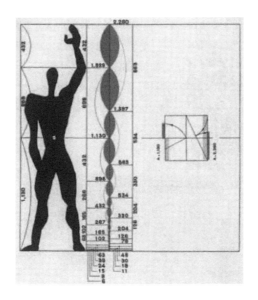

図 5.1 モデュロール

など随所にフィボナッチ数や黄金比が隠されています.

ル・コルビュジエの建築の原点は, パルテオン神殿 (図 4.8) の美しさであったといわれています. そこから自らの寸法であるモデュロールをつくり, それをもとに建築のデザインがなされていきます. たとえば天上高は 226cm, 間口は 183cm といった具合です. この考え方がもっとも現れているのがマルセイユの集合住宅ユニテ・ダビダシオン (1952 年建築, 337 戸) です. 建物の外観から内装まで幾

何学的な構成美に統一されています．1957年にはベルリンにも建築します．また1959年には東京国立西洋美術館の基本設計も行います．次のソファーは1920年代にコルビュジエがデザインしたもので，現在でも同じデザインで市販されています．建物も家具もみな四角っぽいですね．2016年，コルビュジエの建築群(17作品)は世界遺産に登録されました．

図 5.2　LC2 グランコンフォール 3P

図 5.3　西洋美術館

第 6 章

ポーカーと確率

映画『Rain Man』(1988 年) を覚えていますか？ 気ままに生活していたチャーリー (トム・クルーズ) は父の訃報を受け取ります．遺産相続に夢が膨らむのですが，遺産は何と始めて会う自閉症の兄レイモンド (ダスティ・ホフマン) が相続していました．彼を施設から連れ出し二人の旅が始まります．途中，ラスベガスで賭け事に興じるのですが・・・「ブラックジャック」というゲームで大儲け．なんと自閉症のレイは捨てたカードをすべて記憶できていたのです．そして次に来るだろうカードがある程度予測できてしまったのです．カードカウンティングといいます．今日のお話はカードゲームの確率です．

6.1 ポーカーの役と確率

「ブラックジャック」は何回か手持ちのカードを交換できるので，ちょっとルールが厄介です．ここでは「ポーカー」にしましょう．ポーカーにもいろいろ種類がありますが，ここではお馴染み

のドロー・ポーカーにしましょう．カードはスペード (♠)，ハート (♡)，ダイヤ (◇)，クラブ (♣) の4種が13枚づつ，したがって計52枚です．ジョーカーはありません．親 (胴元) から5枚のカードが配られます．自分の役 (この節の終わりにある表をみてください．何もないノーペアも役とします) を見て，不満であれば1回だけ5枚の内，好きな枚数だけ交換してもらえます．ここでは話を簡単にするため，胴元とあなたしかいません．単純に役の確率とどのように交換すべきかを考えましょう．

順列と組合せ　　一般に n 個の異なるものから，r 個を取り出して並べる**順列**の数は

$$_n\mathrm{P}_r = \frac{n!}{(n-r)!}$$

です．$n! = n(n-1)(n-2) \times \cdots \times 2 \times 1$ です．また r 個を取り出して作る**組合せ**の数は次のようになります．

$$_n\mathrm{C}_r = \frac{_n\mathrm{P}_r}{r!} = \frac{n!}{r!(n-r)!}$$

さて最初は交換しない場合を考えて見ましょう．もっとも高い役は「ローヤルストレートフラッシュ」です．(お金を賭けてないのに高いとは … できにくい役のことです) 5枚配られたときに次の4種類の手になることです．

(♠A, ♠K, ♠Q, ♠J, ♠10)

(♡A, ♡K, ♡Q, ♡J, ♡10)

(◇A, ◇K, ◇Q, ◇J, ◇10)

$$(\clubsuit A, \clubsuit K, \clubsuit Q, \clubsuit J, \clubsuit 10)$$

5 枚配られたときの役の総数は，52 枚から 5 枚取り出す組合せですから

$$_{52}\mathrm{C}_5 = \frac{(52)!}{5!(47)!} = \frac{52 \times 51 \times 50 \times 49 \times 48}{5 \times 4 \times 3 \times 2 \times 1} = 2598960$$

です．「ローヤルストレートフラッシュ」は上の 4 種類ですから，その確率は

$$\frac{4}{2598960} = \frac{1}{636240} = 0.00000154$$

です．

「フォーカード」の確率を求めてみましょう．「フォーカード」は 5 枚の内，4 枚が同じ数字となること．たとえば

$$(\spadesuit 3, \heartsuit 3, \diamondsuit 3, \clubsuit 3, \heartsuit 7)$$

です．4 枚が揃う数字は 13 通り，残りの 1 枚はそれ以外ならばなんでもかまいませんから $52 - 4 = 48$ 通りです．したがって「フォーカード」になる場合の数は $13 \times 48 = 624$ です．よって確率は

$$\frac{624}{2598960} = \frac{1}{4165} = 0.000240$$

です．

よく分からなくなるのは「フルハウス」と「フラッシュ」ですね．どちらが高い役か？「フルハウス」は 3 枚が同じ数字，残り 2 枚も他の同じ数字のときです．たとえば

6.1 ポーカーの役と確率

$$(\spadesuit 3, \heartsuit 3, \diamondsuit 3, \spadesuit 7, \heartsuit 7)$$

です.まず,3 枚の方の数字の選び方は 13 通り,2 枚の方の数字の選び方は 12 通りです.(3 枚の方で 1 つ数字を選んでいるので,その残りの数字です) 数字が決まれば次は柄の組合せですが,3 枚の方は,4 種類から 3 枚を選ぶので $_4C_3 = 4$ 通り,2 枚の方は,4 種類から 2 枚を選ぶので $_4C_2 = 6$ 通りです.したがって,全体の場合の数は $13 \times 4 \times 12 \times 6 = 3744$ 通りです.よって確率は

$$\frac{3744}{2598960} = \frac{6}{4165} = 0.00144$$

一方「フラッシュ」は 5 枚の絵柄が同じときです.たとえば

$$(\heartsuit A, \heartsuit 4, \heartsuit 7, \heartsuit 9, \heartsuit Q)$$

です.この場合は絵柄が 4 種類.絵柄が決まればその絵柄の 13 枚の内から 5 枚を選べばよいのですから,場合の数は $4 \times {}_{13}C_5 = 4 \times 1287 = 5108$ です.確率は

$$\frac{5108}{2598960} = \frac{213}{108290} = 0.00197$$

となります.「フルハウス」の方が確率が低いですから,「フラッシュ」より高い役となります.

最後に「ワンペア」となる確率を求めてみましょう.

$$(\heartsuit A, \clubsuit A, \heartsuit 7, \spadesuit 9, \clubsuit Q)$$

のような一つだけペアがある手配です.まず,ペアの数字の選び方が 13 通り,残りの 3 枚の方の数字の選び方は,ペアと異なり,かつお互いに異なる数字でなくてはなりません.したがって

$_{12}C_3 = 220$ 通りです.今度は絵柄ですね.ペアの方は 4 種類から 2 個を選ぶから,$_4C_2 = 6$ 通り,残り 3 枚の絵柄はなんでもかまいませんから $4 \times 4 \times 4 = 64$ 通りです.よって場合の数は $13 \times 220 \times 6 \times 64 = 1098240$ です.確率は

$$\frac{1028940}{2598960} = \frac{352}{833} = 0.423$$

です.

このようにしてすべての役の場合の数と確率を計算すると次の表のようになります.確率は%で記述しています.また最後のノーペアは上段の 9 種類の役以外のことです.

役	場合の数	確率 (%)
ローヤルストレートフラッシュ	4	0.000154
ストレートフラッシュ	36	0.00139
フォーカード	624	0.0240
フルハウス	3744	0.144
フラッシュ	5108	0.197
ストレート	10200	0.398
スリーカード	54912	2.11
ツーペア	123552	4.75
ワンペア	1098240	42.3
ノーペア	1302540	50.1

6.2 ワンペアのとき何枚かえるか

さて,ワンペアだったとしましょう.

$$(\heartsuit A, \clubsuit A, \heartsuit 7, \spadesuit 9, \clubsuit Q)$$

ここで5枚まで換えられます．このとき，戦略としては我慢するか，ワンペア以外の3枚を換える，2枚を換える，1枚を換えるが考えられます．各戦略で，ツーペアができる確率を求めてみましょう．当然，我慢した場合は0ですね．

3枚交換：新たな3枚でできる場合の数は

$$_{52-5}C_3 = 16215$$

です．交換してツーペアになるには新しくもらった3枚のカードでワンペアができることです．このとき，このペアの数字はAではダメです．フォーカードになってしまいます．また場合の数を計算するとき，新たなペアーが捨てカード以外の数字でできるか，捨てたカードの数字でできるかを区別する必要があります．捨てたカード以外の数字でできる場合は，ペアとなる数字が $13-4$ 種類 (例では，A，7，9，Q 以外)，絵柄が4種類の内の2種類ですね．残りの1枚は52枚から，最初に配られた5枚，新たにできたペアの2枚，フォーカードにならないために最初からあるペアと同じ数字のカード2枚，新たにできたペアと同じ数字のカード2枚を除いた残りであればなんでもかまいません．よってこの場合の数は

$$(13-4) \times {}_4C_2 \times (52-5-2-2-2) = 2214$$

です．一方，新たなペアが捨てたカードの数字でできる場合は，ペアとなる数字は3種類の1つ (例では7，9，Q)，絵柄は3種類の内の2種類です．残りの1枚は52枚から，最初に配られた5枚，新たにできたペアの2枚，フォーカードにならないために

最初からあるペアと同じ数字のカード 2 枚，新たにできたペアと同じ数字のカード 1 枚を除いた残りであればなんでもかまいません．よって場合の数は

$$3 \times {}_3C_2 \times (52 - 5 - 2 - 2 - 1) = 378$$

です．以上のことから，3 枚換えてツーペアができる場合の数は $2214 + 378 = 2592$ となります．確率は

$$\frac{2592}{16215} = 0.016$$

となります．

2 枚交換：新たな 2 枚でできる場合の数は

$$_{52-5}C_2 = 1081$$

です．たとえば ♡7, ♠9 を交換しましょう．交換してツーペアになるには新しくもらった 2 枚のカードでワンペアができるか，残した 1 枚の Q とでペアができるかですね．前者の場合，新しいペアが捨てカード以外の数字でできるか，捨てたカードの数字でできるかを区別する必要があります．もらった 2 枚で捨てたカード以外の数字でワンペアができる場合は，ペアとなる数字が $13 - 4$ 種類 (例では，A，7，9，Q 以外)，絵柄が 4 種類の内の 2 種類です．よって $9 \times 6 = 54$ 通り．もらった 2 枚で捨てたカードの数字でワンペアができる場合は，ペアとなる数字は 2 種類 (例では，7，9)，絵柄が 3 種類の内の 2 種類です．よって $3 \times 2 = 6$ 通り．最後に残した 1 枚の Q とでペアができる場合を考えてみましょう．新たな Q の絵柄は 3 種類，A，A，Q，Q となりますから，残るカードは 1 枚ですね．この残りの 1 枚は 52 枚から，

最初に配られた 5 枚，新たにできたペアの 1 枚，フォーカードにならないために最初からあるペアと同じ数字のカード 2 枚，新たにできたペアと同じ数字のカード 2 枚を除いた残りであればなんでもかまいません．よってこの場合の数は $3 \times (52 - 5 - 1 - 2 - 2) = 126$ 通りです．以上のことから，2 枚換えてツーペアができる場合の数は $54 + 6 + 126 = 186$ となります．確率は

$$\frac{186}{1081} = 0.0172$$

となります．

1 枚交換：新たなカードは $52 - 5$ 枚．ツーペアになるには新たな 1 枚が残した 2 枚のどちらかの数字と同じになる必要があります．よって 6 通りです．確率は

$$\frac{6}{47} = 0.128$$

となります．

以上のことから，ワンペアのときに，交換してツーペアを作りたければ 2 枚交換がよいことが分かりました．

ここで複雑なのは，ツーペアより役が高いスリーカード，フルハウス，フォーカードを狙うには 2 枚交換よりも 3 枚交換の方か確率が高くなることが分かります．(計算してみてください) 高い確率で安い役のツーペアにしたければ 2 枚交換，低い確率で高い役のスリーカード，フルハウス，フォーカードを狙うならば 3 枚交換ということですね．ポーカーは奥が深い．

6.3 40人クラスで同じ誕生日の人がいる確率

40人クラスの出席番号を1~40としましょう．最初に40人の誕生日の組合せがどれだけあるか求めてみましょう．出席番号1の生徒の誕生日は365通り，出席番号2の生徒の誕生日も365通り，…，どの生徒の誕生日も365通りです．したがって組み合せは

$$365^{40}$$

通りです．ここで問題は同じ誕生日の人がいる確率ですが，同じ誕生日といっても，2人いたり，3人いたりするかもしれませんね．したがってそれぞれの場合の数を求めるのは非常に複雑になります．そこで，みんなの誕生日が違う場合の数を求めてみましょう．出席番号1の生徒の誕生日は365通り，出席番号2の生徒が出席番号1の生徒と誕生日が違う場合は $(365-1)$ 通り，出席番号3の生徒が出席番号1, 2の生徒と誕生日が違う場合は $(365-2)$ 通り，…，出席番号40の生徒が出席番号 $1, 2, \cdots, 39$ の生徒と誕生日が違う場合は $(365-39)$ 通りです．したがって，みんなの誕生日が違う場合の数は

$$365 \times 364 \times 363 \times \cdots 326 = \frac{365!}{325!}$$

通りです．よってその確率は

$$\frac{365!}{325!\, 365^{40}}$$

です．このことから誕生日が同じ生徒が少なくとも2人いる確率は

$$1 - \frac{365!}{325!\,365^{40}} = 0.89$$

となります.

6.4 共通の友達がいる確率

街中でお互いを知らない A さんと B 君が出会いました. このとき, 共通の友達がいる確率を求めてみましょう. "そんなの分かるわけがない" 当然です. もう少し, 状況を設定しないとダメですね.

携帯電話の普及台数を 9000 万台 (2006 年時点) とします. A さんと B 君のメモリーには 500 人の友人の番号が登録されているとしましょう. ここで "共通の友達" の定義をメモリー登録された共通の電話番号と定義します. こうすると問題が解けます.

6.3 節と同様に考えて, 共通の友達がいない確率を計算してみましょう. A さんのメモリー 500 名に登録される場合の数は

$$_{90000000}\mathrm{C}_{500} = \frac{90000000!}{89999500!\,500!}$$

です. 共通の友達がいないということは, A さんのメモリー 500 名に B 君のメモリーの 500 名の名前が一人も入っていない場合です. つまり B 君のメモリー以外の人から A さんのメモリーができていることです. その場合の数は

$$_{89999500}\mathrm{C}_{500} = \frac{89999500!}{89999000!\,500!}$$

です. したがって共通の友達がいない確率は

$$\frac{89999500}{90000000} \times \frac{89999499}{89999999} \times \cdots \times \frac{89999001}{89999501} = 0.997226$$

となります．よって共通の友達がいる確率は

$$1 - 0.997226 = 0.002774$$

となります．こんなもんでしょうか？ 2015年度末で日本での携帯電話 (スマホを含む) の普及台数は 1 億 5648 万台，PHS・BWA を含めて 1 億 9569 万台となり，数字に上では国民のすべてが携帯をもつ時代になりました．計算しなおしてみてください．

6.5 降水確率

気象庁は 1980 年より**降水確率**を発表しています．これは予報区内で一定の時間内に降水量にして 1mm 以上の雨または雪 (雪は融けたときの降水量) が降る確率 (%で表します) です．週間予報は 24 時間きざみに，短期予報は 6 時間きざみに発表され，0%，10%，20%，$\cdots$，100%と 10%きざみに発表されます．

降水確率を計算するには，過去の降水の情報をもとに統計処理を行い確率を算出します．このとき計算結果の 1%の位は四捨五入するので，降水確率 0%といっても実際の確率は 0%から 5%未満です．降水確率 30%であれば実際の確率は 25%から 35%未満となります．たとえば「明日の降水確率は 30%」と予報された場合は，"きょうと同じ気象条件が過去に 100 回あったけど，おおよそ 30 回は翌日に 1 時間あたり 1mm 以上の雨が降った" という意味になりますね．

ここで注意することは，降水確率は一般的に「1 時間あたりの 1mm 以上の降水量」についての確率です．したがって 30 分だけ 1.8mm の雨が降り，次の 30 分が晴れていた場合は，降水量は平均されて 0.9mm となります．この場合，1mm 未満の降水

量ですので降水確率としては雨が降らなかったときと同じ扱いになってしまいます．また降水確率は降水量に関しては何も言っていません．確率が高くても土砂降りとは限りませんし，低くても集中豪雨は起こります．

季節の予報では，「低い (少ない)」，「平年並」，「高い (多い)」の 3 つの階級が使われています．この場合各階級の起こる確率はそれぞれ $\frac{1}{3}, \frac{1}{3}, \frac{1}{3}$ です．これを「**気候的出現率**」といいます．気象用語も結構難しいですね．"降水確率 0%" は前に説明しましたが，実際は確率が 5% 未満のことでした．では実際の確率が 1mm 未満のとき，つまり雨が本当に降りにくいときもきちんと表現したいですよね．じつはこの場合も "降水確率 0%" と表現してよいことになっています．ただし，但し書きがあり，実用上の見地からは「雨または雪の降りにくい状態」に対して "降水確率 0%" を用いることが好ましいとあります．

「確率」といってもいろいろな場合があるようです．サイコロの出る目のような**数学的確率** (客観的確率) もあれば，降水確率，野球の打率，企業の倒産確率のような**経験的確率** (統計的確率) もあります．日常生活では "運がいい"，"ツキがない" といった主観的な確率も使われています．

6.6 地震確率

政府の地震調査研究推進本部は各地で起こりうる地震の発生確率を公表しています．2005 年 1 月時点で，宮城県沖で発生する

M7.5〜M8.0 クラスの発生確率は，10 年以内で 50 %，30 年以内で 99 % でした．東北地方太平洋沖地震により，プレートが動いたため現在では発生確率は「不明」となっています．この**地震確率**って何でしょうか？ 政府の地震調査研究推進本部が値を更新しつつ発表しているのですが，正直算出方法は複雑で，ここでは紹介できません．もう一つ残念なのは地震確率をどのように解釈するのか，どこにも説明されていないことです．降水確率と同じように解釈するのでしょうか？ 『きょうと同じ条件が過去に何回かあったけど，おおよそ 30 年間にはほぼ M7.5〜8.0 クラスの地震が起きた』という意味でしょうか．この場合，過去の何回かの解釈も問題ですよね．地震調査研究推進本部では主要な活断層で発生する地震や海溝型地震を対象に，地震の規模や一定期間

図 **6.1**　確率論的地震動予測地図 (2006 年)

内に地震が発生する確率を予測してその確率を「地震発生可能性の長期評価」(長期評価)としてを発表しています．でも数千年間隔で起きる地震に対しても 30 年以内で起きる確率まで計算しています．これって意味あるの？ 私には分かりません．ちょっと確率という言葉が独り歩きしているようで怖いです．でも防災には心掛けましょう．地震調査研究推進本部が 2016 年 1 月に更新した 30 年以内の地震の発生確率は，南海トラフトの M8〜M9 の地震は 70 %，相模トラフト沿いの M7 程度の地震は 70 %，関東全域で M6.8 以上は 50 % 〜 60 % となっています．

地震の発生確率とは別に，例えば「東京が 30 年以内に震度 6 弱以上のゆれに見舞われる確率」といった地震動の超過確率も地震調査研究推進本部が公表しています．この本の初版の頃の 2006 年 1 月 1 日を基準とした 30 年以内に震度 6 弱以上の地震が起きる確率の分布 (確率論的地震動予測地図) は図 6.1 のようになっています．色の濃い所が危険地域です．2011 年 3 月 11 日の東北地方太平洋沖地震や 2016 年 4 月 14 日以降に熊本・大分で発生した熊本地震はこれらの予想をはるかに超えるものでした．より正確な地震動予測地図の作成を含め，防災の技術改良と革新を期待しています．最新の確率論的地震動予測地は地震調査研究推進本部，防災科学研究所 (NIED)，地震ハザードステーション (J-SHIS)，地震情報サイト JIS などで確認してください．

第 7 章

お見合いの戦略

　サイコロを投げたとき平均していくつの目がでるでしょうか？ 1 の目の出る確率が $\frac{1}{6}$, 2 の目の出る確率が $\frac{1}{6}$, $\cdots$, 6 の目の出る確率が $\frac{1}{6}$ ですから

$$1 \times \frac{1}{6} + 2 \times \frac{1}{6} + \cdots + 6 \times \frac{1}{6} = \frac{21}{6} = 3.5$$

となります．この 3.5 をサイコロを投げたときの出る目の**期待値**といいます．

7.1 サイコロ餃子

　あるラーメン屋さんのメニューに『サイコロ餃子 300 円』とありました．サイコロの形をした餃子ではありません．通常は餃子 3 個 300 円なのですが，このメニューを頼むと，サイコロを振って出た目の数だけ餃子が食べられます．あなたは通常のメニューにしますか，それともサイコロを振りますか？　餃子 1 個は 100

円ですね．振った場合のあなたの利得を計算してみましょう．1 の目が出れば 200 円の損，2 の目が出れば 100 円の損，3 の目がでればトントン，4 の目が出れば 100 円の得，5 の目が出れば 200 円の得，6 の目が出れば 300 円の得です．したがって利得の期待値は

$$(-200) \times \frac{1}{6} + (-100) \times \frac{1}{6} + 100 \times \frac{1}{6} + 200 \times \frac{1}{6} + 300 \times \frac{1}{6}$$
$$= \frac{300}{6} = 50$$

50 円の得が期待されます．さあ，振りましょう．もっとも 3 個で腹八分のところを 4, 5, 6 個も食べるわけですよ．お店にとっては通常価格を下げてオーダーを増やしたと思えばよいわけですから，なかなかの戦略ですね．

7.2 宝くじは買う？

宝くじの期待値を実際に計算してみましょう．2005 年のサマージャンボ宝くじです．1 枚の値段は 300 円，最高賞金は 2 億円．さあ，どうしましょう．買いますか？ 100000～199999 の番号がついた 10 万枚が 100 組あります．つまり 1000 万枚．これが 1 ユニットで発売総額は 30 億円ですね．この 1 ユニットの中の当せん金と本数は次ページの表のようになっていました．

等級	当せん金	本数	確率
1 等	200,000,000 円	1 本	$\dfrac{1}{10,000,000}$
1 等の前後賞	50,000,000 円	2 本	$\dfrac{1}{5,000,000}$
1 等の組違い賞	100,000 円	99 本	$\dfrac{99}{10,000,000}$
2 等	100,000,000 円	1 本	$\dfrac{1}{10,000,000}$
3 等	10,000,000 円	10 本	$\dfrac{1}{1,000,000}$
4 等	1,000,000 円	200 本	$\dfrac{1}{50,000}$
5 等	3,000 円	100,000 本	$\dfrac{1}{100}$
6 等	300 円	1,000,000 本	$\dfrac{1}{10}$
ラッキーサマー賞	10,000 円	10,000 本	$\dfrac{1}{1,000}$

期待値を計算してみると

$$200,000,000 \times \frac{1}{10,000,000} + 50,000,000 \times \frac{1}{5,000,000}$$
$$+ 100,000 \times \frac{99}{10,000,000} + 100,000,000 \times \frac{1}{10,000,000}$$
$$+ 10,000,000 \times \frac{1}{1,000,000} + 1,000,000 \times \frac{1}{50,000}$$
$$+ 3,000 \times \frac{1}{100} + 300 \times \frac{1}{10}$$
$$+ 10,000 \times \frac{1}{1,000}$$

$$= 20 + 10 + 0.99 + 10 + 10 + 20 + 30 + 30 + 10 = 140.99$$

期待値は，140 円 99 銭になります．300 円で買っても 141 円しか期待できない．ちょっと損ですが，夢は大きく持ちましょう．

7.3 サイコロ賭博

お金を賭けるのはよくありませんが，どうも問題設定となると賭博にした方が臨場感がありますね．次のようなゲームの戦略を考えてみてください．

> サイコロを振り，出た目×1 万円がもらえます．出た目に不満であれば，最高であと 2 回，振り直すことができます．

明らかに出た目が 1 であれば振り直すでしょうし，6 であれば振り直しません．問題は 3, 4, 5 あたりでどうするかです．たとえば

戦略 1「振りなおさない」 この戦略をとった場合の期待値は，1 回だけサイコロを振るときと同じですから 3.5 万円です．

戦略 2「1 回目は 4 以上，2 回目も 4 以上で振りなおさない」1 回目で終了する場合の利得は，4〜6 が出るときですから，

$$4 \times \frac{1}{6} + 5 \times \frac{1}{6} + 6 \times \frac{1}{6} = \frac{15}{6} = \frac{5}{2}$$

です．2 回目で終了する場合は，1 回目で 1〜3 が出て，2 回目に 4〜6 が出るときですから

$$\frac{3}{6} \times \left(4 \times \frac{1}{6} + 5 \times \frac{1}{6} + 6 \times \frac{1}{6}\right) = \frac{45}{36} = \frac{5}{4}$$

3 回目で終了する場合は，1 回目で 1~3 が出て，2 回目に 1~3 が出て，3 回目は 1~6 のどれかが出るときですから

$$\frac{3}{6} \times \frac{3}{6} \times \left(1 \times \frac{1}{6} + 2 \times \frac{1}{6} + \cdots + 6 \times \frac{1}{6}\right) = \frac{189}{216} = \frac{7}{8}$$

よって期待値は

$$\frac{5}{2} + \frac{5}{4} + \frac{7}{8} = \frac{37}{8} = 4.625$$

4.625 万円ですから戦略 1 よりははるかにいいです．

戦略 3「1 回目は 5 以上，2 回目は 4 以上で振りなおさない」
1 回目で終了する場合の利得は，5~6 が出るときですから

$$5 \times \frac{1}{6} + 6 \times \frac{1}{6} = \frac{11}{6}$$

です．2 回目で終了する場合は，1 回目で 1~4 が出て，2 回目に 4~6 が出るときですから

$$\frac{4}{6} \times \left(4 \times \frac{1}{6} + 5 \times \frac{1}{6} + 6 \times \frac{1}{6}\right) = \frac{60}{36} = \frac{5}{3}$$

3 回目で終了する場合は，1 回目で 1~4 が出て，2 回目に 1~3 が出て，3 回目は 1~6 のどれかが出るときですから

$$\frac{4}{6} \times \frac{3}{6} \times \left(1 \times \frac{1}{6} + 2 \times \frac{1}{6} + \cdots + 6 \times \frac{1}{6}\right) = \frac{252}{216} = \frac{7}{6}$$

よって期待値は

$$\frac{11}{6} + \frac{5}{3} + \frac{7}{6} = \frac{28}{6} = 4.666\cdots$$

4.666 万円ですから戦略 2 よりもさらにいいですね．

こうしてすべての戦略を調べるとこの戦略3がベストであることが分かります．でも他のすべての戦略を調べるのはちょっと大変です．何かうまい考え方はないでしょうか？

最適な方法をさがす戦略　このような最適な戦略をさがすには，発想をかえて，3回目から考えて見ましょう．3回目は受け入れなければなりませんからその期待値は3.5万円です．では2回目はどうしましょうか？　3回目に進めば3.5万円期待できるのですから，戦略としては1〜3ならば振りなおして3.5万円をもらい，4〜6ならば振らない方がよい．このようにすると2回目の期待値は

$$\frac{3}{6} \times 3.5 + 4 \times \frac{1}{6} + 5 \times \frac{1}{6} + 6 \times \frac{1}{6} = \frac{17}{4} = 4.25$$

です．では1回目はどうするかといえば，2回目に行けば4.25万円期待できるのですから，1〜4ならば2回目に進み4.25万もらい，5〜6ならば振らない方がよい．このときの期待値は

$$\frac{4}{6} \times 4.25 + 5 \times \frac{1}{6} + 6 \times \frac{1}{6} = \frac{28}{6} = 4.666\cdots$$

となります．この戦略と期待値は前の戦略3と同じですね．

7.4　クイズの懸賞金

次のようなクイズに挑戦しました．最適な戦略を求めてください．

10問のクイズです．第1問にできれば1万円です．できなければ0円でゲーム終了です．問題ができた場合，ゲームを終了し賞金をもらうか，次の問題に進むかを選択できます．ただし次の問題に進んだ場合，できれば賞金は2倍ですが，できなければ賞金は半分となりゲーム終了です．また問題の難易度 (正解率) は

$$\text{第1問〜第3問} \quad \frac{1}{2}$$
$$\text{第4問〜第7問} \quad \frac{1}{3}$$
$$\text{第8問〜第10問} \quad \frac{1}{5}$$

とします．

この問題も最適な方法をさがす戦略ですので，第9問までできた場合から考えてみましょう．このときの賞金は 2^8 万円です．第10問に挑戦するか否かを決めるわけですが，第10問へ進んだときの期待値は

$$\frac{1}{5}2^9 + \frac{4}{5}2^7 = \left(\frac{2}{5} + \frac{2}{5}\right) \times 2^8 < 2^8$$

ですから，第10問には進まない方で 2^8 万円でやめましょう．

第8問までできた場合から考えてみましょう．このときの賞金は 2^7 万円です．第9問に挑戦するか否かを決めるわけですが，第9問での期待値は 2^8 万円です．よって第9問へ進んだときの期待値は

$$\frac{1}{5}2^8 + \frac{4}{5}2^6 = \left(\frac{2}{5} + \frac{2}{5}\right) \times 2^7 < 2^7$$

ですから，第9問には進まないで2^7万円でやめましょう．同様に第7問までできた場合も

$$\frac{1}{5}2^7 + \frac{4}{5}2^5 = \left(\frac{2}{5} + \frac{2}{5}\right) \times 2^6 < 2^6$$

ですから，第8問には進まないで2^6万円でやめます．第6問までできた場合は，第7問の正解率が変わることに注意しましょう．進んだ場合の期待値は

$$\frac{1}{3}2^6 + \frac{2}{3}2^4 = \left(\frac{2}{3} + \frac{1}{3}\right) \times 2^5 = 2^5$$

ですから，第7問に進むか進まないかは同じ期待値になります．選択はどちらでもかまいません．第5問までできた場合も，進んだ場合の期待値は

$$\frac{1}{3}2^5 + \frac{2}{3}2^3 = \left(\frac{2}{3} + \frac{1}{3}\right) \times 2^4 = 2^4$$

第4問までできた場合も，進んだ場合の期待値は

$$\frac{1}{3}2^4 + \frac{2}{3}2^2 = \left(\frac{2}{3} + \frac{1}{3}\right) \times 2^3 = 2^3$$

第3問までできた場合も，進んだ場合の期待値は

$$\frac{1}{3}2^3 + \frac{2}{3}2^1 = \left(\frac{2}{3} + \frac{1}{3}\right) \times 2^2 = 2^2$$

ですので，進むか進まないかはどちらでもかまいません．第2問までできた場合，進んだ場合の期待値は進んだ場合の期待値は次のようになりますね．

$$\frac{1}{2}2^2 + \frac{1}{2}2^0 = \left(1 + \frac{1}{4}\right) \times 2 = 2.5 > 2$$

したがって第 3 問に進みます．第 1 問までできた場合は，第 2 問の期待値が 2.5 ですから進んだ場合の期待値は

$$\frac{1}{2}2.5 + \frac{1}{2}0.5 = 1.5 > 1$$

となります．やはり第 2 問へ進みます．

　以上のことから，第 1 問，第 2 問とできたときは次の問題に挑戦しましょう．第 3 問〜第 6 問ができたときはどちらでもかまいません．でも第 7 問ができたら，そこで賞金をもらってやめておきましょう．

ペテルスブルグの逆理　　コインを投げたときの裏表を当てるゲームです．表が出るまで投げ続けます．1 回目に表がでれば 1 円，1 回目が裏で 2 回目に表がでれば 2 円，1 回，2 回と裏で 3 回目に表がでれば $2^2 = 4$ 円が貰えます．つまり裏が出続けて n 回目に表がでれば 2^{n-1} 円貰えます．たとえば 10 回目にはじめて表がでれば $2^9 = 512$ 円貰えますし，30 回目にはじめて表がでれば $2^{29} = 536870912$ 円，つまり約 5 億 4 千万円もらえます．このゲームの期待値は

$$1 \times \frac{1}{2} + 2 \times \frac{1}{2^2} + 2^2 \times \frac{1}{2^3} + \cdots$$
$$= \frac{1}{2} + \frac{1}{2} + \frac{1}{2} + \cdots = \infty$$

です．すごい．参加すれば億万長者になれますね．有り金を全部つぎ込んでも得ですよ．さてみなさんは 1 万円払っ

て参加しますか？

7.5　お見合いの戦略

A 君 (さん) は結婚相手を紹介するクラブに登録されています．毎回 6 人の候補がリストアップされ，その内の 1 人とお見合いできます．ただし，その 1 人の選抜はクラブの方で無作為に決められてしまいます．また断ると候補リストは更新されてしまいます．A 君 (さん) は諸事情のため，あと 3 回しかお見合いができません．どのようにすれば良い人を選べるでしょうか？　サイコロ賭博の書き換えです．決してお見合いがサイコロ賭博と同じだとは言いません．

ここではもう少し現実的なお見合いの戦略を考えてみましょう．お見合いする相手は n 人と決まっています．最良の人の 1 位から最悪の人の n 位まで順位が付けられています．当然ですがあなたは各人の順位を知りません．そして順にお見合いをしますが，$n-1$ 人を断ったときは n 番目の最後の人と結婚しなければなりません．

> 一つの戦略として，最初の $s-1$ 人 $(2 \leq s \leq n)$ はすべて断る．s 番目からはそれまでよりも良い人が現れたら結婚する．このとき，最良の人を選ぶ確率をもっとも高くするためには，s をどのように決めればよいでしょうか？

i 回目 $(1 \leq i \leq n)$ のお見合いで最良の人が選ばれる確率を計算してみましょう．そのような状況は，i 回目が最良の人であり，

s 回目から $i-1$ 回目まで見送っていることが必要です．i 回目が最良の人である確率は $\dfrac{1}{n}$ ですね．s 回目から $i-1$ 回目まで見送ることは，$i-1$ 人の中でもっとも良い人が最初の $s-1$ に入っている場合ですから，その確率は $\dfrac{s-1}{i-1}$ です．以上のことから i 回目のお見合いで最良の人が選ばれる確率は

$$\frac{1}{n} \times \frac{s-1}{i-1}$$

です．よってこの戦略で最良の人を選ぶ確率 $P(n,s)$ は

$$P(n,s) = \sum_{i=s}^{n} \frac{1}{n}\frac{s-1}{i-1} = \frac{s-1}{n}\left(\frac{1}{s-1} + \frac{1}{s} + \cdots + \frac{1}{n-1}\right)$$

となります．たとえば $n=10$ のときは，$s=4$ のときの $P(10,4) = 0.399$ が最大です．$n=100$ のときは，$s=38$ のときの $P(100,38) = 0.371$ が最大となります．したがってこの戦略では "$\dfrac{1}{3}$ の人を見送る" と $\dfrac{1}{3}$ 強の確率で最良の人を選ぶことができます．

この戦略は最良の人を得るための確率の計算でしたが，順位の期待値に置き換えたり，7.4 節のような戦略を練ることも可能です．詳しくは参考文献 [8] を参照してください．

第 8 章

スパムメールの判定

2 人の子供がいる家族を思い浮かべてください．子供の組み合わせは

男男，男女，女男，女女

の 4 通りです．したがってそれぞれの確率は $\frac{1}{4}$ です．では問題です．ある家族に男の子が 1 人いるとして，両方とも男である確率を求めなさい．えーと，男の子が 1 人，残りは男か女のどちらかだから，男男となる確率は $\frac{1}{2}$ でしょう．残念でした．答えは $\frac{1}{3}$ です．

8.1 条件付確率

この問題は次のように考えます．男の子が 1 人いるという情報で，つまり男は 1 人以上という家族の組み合わせは

男男, 男女, 女男

のいずれかです．よって男男となるのは全体の $\dfrac{1}{3}$ となります．このようにある事象 B (男が 1 人いる) のもとで別の事象 A (男が 2 人) が起こる確率を，事象 B のもとでの事象 A の**条件付確率**といい，$P(A|B)$ と書きます．このとき

$$P(A|B) = \frac{P(A \cap B)}{P(B)}$$

として計算されます．$P(A \cap B)$ は A と B が同時に起こる確率です．例では

$$P(A|B) = \frac{1/4}{3/4} = \frac{1}{3}$$

です．

まずは基本的な条件付確率の問題です．

理系か文系か 40 人のクラスがあり，男子 21 名，女子 19 名です．理系コースか文系コースのどちらかを選択しなくてはなりません．男子の理系コースは 9 名，女子の理系コースは 5 名です．ある男の子に声をかけました．"君は理系コースだよね" 当たっている確率はいくらでしょうか？

答え: 男の子という条件のもとでの理系コースの確率ですから

$$\frac{9/40}{21/40} = \frac{3}{7}$$

となります．

次はかなり難しいです．

ノックは男か女か　ホテルに3部屋あります．それぞれに，男2人，男と女，女2人が宿泊しています．ボーイがドアをノックしたところ，女の声で，"誰か来たから開けて"と聞こえました．このとき，ドアを開けるのが男である確率を求めなさい．

答え: 男女の声と男女のドア開けを考えます．まず女の声が聞こえる確率を計算しましょう．3部屋の内，女女部屋をノックすれば必ず声がし，男女部屋であれば確率 $\frac{1}{2}$ で女の声です．したがって女の声が聞こえる確率は

$$\frac{1}{3} + \frac{1}{3} \times \frac{1}{2} = \frac{1}{2}$$

です．次に女の声がして，男がドアが開ける場合の確率ですが，男女部屋で女が声を出し，男が開ける場合しかありません．したがって

$$\frac{1}{3} \times \frac{1}{2} = \frac{1}{6}$$

以上のことから，問題の答えは

$$\frac{1/6}{1/2} = \frac{1}{3}$$

となります．次のように起こりうる場合を列挙したほうが分かりやすいかもしれません．男男を M_1, M_2，男女を M, F，女女を F_1, F_2 としましょう．すると声とドアの組み合わせは

	部屋 a		部屋 b		部屋 c	
声	M_1	M_2	F	M	F_1	F_2
ドア	M_2	M_1	M	F	F_2	F_1

この表をみれば，女の声を聞いた後で，男がドアを開ける確率は $\frac{1}{3}$ であることが分かります．

8.2 ベイズの定理

2 個以上の事象 $A_1, A_2, A_3, \cdots, A_r$ が同時に起こらない，すなわち互いに**排反**とします．さらには A_i のどれかが必ず起こるとします．

$$P(A_1) + P(A_2) + P(A_3) + \cdots + P(A_r) = 1$$

です．このとき事象 B に関して，条件付確率 $P(B|A_i)$ から $P(A_i|B)$ を次の公式で求めることができます．

$$P(A_i|B) = \frac{P(A_i)P(B|A_i)}{P(A_1)P(B|A_1) + P(A_2)P(B|A_2) + \cdots + P(A_r)P(B|A_r)}$$

ここで分母は $P(B)$ と同じです．$P(B|A_i)$ は原因となる事象 A_i が生じたもとでの事象 B の起こる確率であり，$P(A_i|B)$ は事象 B が起きたとき，その原因事象が A_i である確率と解釈できます．つまり過去の発生頻度から $P(A_i), P(B|A_i)$ $(1 \leq i \leq r)$ を調べておけば，事象 B が起きたときにその原因事象が A_i である確率 $P(A_i|B)$ を知ることができます．このことから，この公式を使って親子鑑定における父権肯定確率の計算や迷惑メールの発見

と分類などの情報のふるい分けなどが行われます.

r 個も事象があると式が複雑ですね. $r=2$ の場合を書いてみましょう. 互いに排反でどちらかが必ず起こる原因 A, B があります. それそれが生じる確率は $P(A), P(B)$ です. またある事象 C が, 原因 A, B によって生ずる確率は, $P(C|A), P(C|B)$ です. このような状況で事象 C が起きたとき, その原因が A である確率 $P(A|C)$ は

$$P(A|C) = \frac{P(A)P(C|A)}{P(A)P(C|A) + P(B)P(C|B)}$$

となります. ここで分母は $P(C)$ と同じです. 証明は付録の A.7 節を参照してください.

神の存在　　この定理はイギリスの数学者トーマス・ベイズ (1702-1761) によって証明されました. 実際は死後の 1763 年に発表された論文「偶然の理論におけるある問題を解くための試み (An essay towards solving a problem in the doctrine of chances)」に記されていました. "未来を推測するためには過去を振り返らなければならない (To see the future, one must look at the past)" という考え方です. 彼は神の存在をこの方程式で説明できると主張しました.

さていくつかの問題を解いてみましょう.

箱はどっち ここに 2 つの箱があります．各箱には赤玉と白玉が入っています．箱 1 には赤玉が 30 個，白玉が 70 個入っており，箱 2 には赤玉が 60 個，白玉が 40 個入っています．今，どちらかの箱から玉を 1 個取り出しましょう．その玉は白だったとします．このとき，箱 1 から取り出した確率はいくつでしょうか？

答え: 事象 A を箱 1 から取り出すこと，事象 B を箱 2 から取り出すこと，事象 C を白玉であることとします．設定では "どちらかの箱から取り出す" とあるので

$$P(A) = P(B) = \frac{1}{2}$$

です．また

$$P(C|A) = \frac{70}{100} = \frac{7}{10}, \quad P(C|B) = \frac{40}{100} = \frac{2}{5}$$

です．よって求める確率は

$$P(A|C) = \frac{(1/2) \times (7/10)}{(1/2) \times (7/10) + (1/2) \times (2/5)} = \frac{7/20}{11/20} = \frac{7}{11}$$

となります．

喫煙者の判定 喫煙者かそうでないかは血液検査によってある程度調べることができます．喫煙者であれば 90%に陽性反応があり，非喫煙者であれば 30%に陽性反応がでます．ところで日本の 20 歳代の女性の喫煙率は 25%です．ある日本人 20 歳代の女性に対してこの検査を行ったところ陽性でした．この女性が喫煙者である確率はいくらでしょうか？

8.2 ベイズの定理

答え: 事象 A を女性の喫煙者, 事象 B を女性の非喫煙者とすると, $P(A) = 0.25$, $P(B) = 0.75$ ですね. 事象 C を血液検査で陽性としましょう. (女性の) 喫煙者で陽性反応がでる確率は $P(C|A) = 0.9$, (女性の) 非喫煙者で陽性反応がでる確率は $P(C|B) = 0.3$ となります. 求めたい確率は陽性反応が出たときに, 喫煙者である確率ですから $P(A|C)$ のことです. したがって

$$P(A|C) = \frac{P(A)P(C|A)}{P(A)P(C|A) + P(B)P(C|B)}$$
$$= \frac{0.25 \times 0.9}{0.25 \times 0.9 + 0.75 \times 0.3} = \frac{0.225}{0.45} = 0.5$$

つまり 50%です.

陽性のパラドックス 1000 人に 1 人が罹る怖い病気があります. 検査方法は十分に確立しており, 病人に対しては 99%に陽性反応がでます. しかし若干の問題が残っており, 健康な人に対しても 2%の陽性反応が出てしまいます. あなたがこの検査を行ったところさあ, 大変, 陽性でした. 目の前が真っ暗. あなたが病人である確率はいくらかでしょうか? 前の問題と同じ設定ですので, 数字を換えて計算しましょう. 確率は

$$\frac{0.001 \times 0.99}{0.001 \times 0.99 + 0.999 \times 0.02} = \frac{99}{2097} = 0.042$$

です. 病人に対して 99%の陽性反応がでる検査で陽性反応が出ても, 病人である確率は 4%です. ちょっと変な感じですね.

親子の鑑定　ある検査 (血液検査や DNA 検査など) を子供と成人で行うと，親子であれば 90%で陽性反応があり，無血縁者であれば 30%しか陽性反応がありません．いま P 君と Q さんで調べたところ陽性反応がありました．P 君と Q さんが親子である確率はいくらでしょうか？

答え: 事象 A を親子，事象 B を無血縁者，事象 C を陽性反応とするのですが，$P(A)$, $P(B)$ が不明です．この場合，一般には $P(A) = P(B) = 0.5$ とします．つまり親子である確率は半々とします．この仮定のもとで，親子で陽性反応がでる確率は $P(C|A) = 0.9$, 無血縁者で陽性反応がでる確率は $P(C|B) = 0.3$ となります．求めたい確率は陽性反応が出たときに，親子である確率ですから $P(A|C)$ のことですね．したがって

$$P(A|C) = \frac{0.5 \times 0.9}{0.5 \times 0.9 + 0.5 \times 0.3} = 0.75$$

となり，75%の確率です．

スパムメールの判定　メールを受け取ったとき，それがスパムメールなのか通常のメールなのかどうかを何とか判定したいですよね．ここでは"援助交際"という言葉が入っているかいないかを判定の基準に考えてみましょう．

事象 A をスパムメール，事象 B を通常のメール，事象 C を"援助交際"が入っているとしましょう．しばらく事前調査をします．スパムメールの割合 $P(A)$, スパムメールに"援助交際"が入っている割合 $P(C|A)$, 通常メールに"援助交際"が入っている割合 $P(C|B)$ を調べます．通常のメールである割合 $P(B)$ は $P(B) = 1 - P(A)$ です．このようにして事前データを蓄積すれ

ば，"援助交際"という言葉が入っているメールを受けとったとき，それがスパムメールである確率 $P(A|C)$ は

$$P(A|C) = \frac{P(A)P(C|A)}{P(A)P(C|A) + P(B)P(C|B)}$$

であることが分かります．つまり

"援助交際"が入ったメールがスパムである割合

＝スパムメールの割合×

$$\frac{スパムメールに"援助交際"が入っている割合}{"援助交際"が入っている割合}$$

です．

ベイズ統計学　　ベイズの定理にもとづく統計学は「ベイズ統計学」とよばれています．それに対して検定，推定，信頼区間などの理論は「ネイマン・ピアソン理論」といわれます．品質管理などに応用されます．しかし "信頼水準 95%" の 95%のように根拠があやふやなところが問題視されます．それに対して事前確率から出発し不自然な仮定を必要としないベイズ統計学が，最近急速に注目を集めています．とくに人工知能や情報検索の研究では必要不可欠な理論となっており，Microsoft, Google, Autonomy (2011 年に HP が買収), Intel などの各社はベイズ理論をもとにアプリケーション，デバイス，システムの開発を行っています．

第 9 章
暗号の歴史

　暗号は一体いつ頃から生まれたのでしょうか？　古代エジプトで書かれた**ヒエログリフ** (象形文字) は，ナポレオンがエジプト遠征で見つけたロゼッタストーンを手がかりに読むことができるようになりました．これも一種の暗号解読のようなものですね．じつはヒエログリフの石碑 (BC19 世紀頃) には，解読ができない不可解な文字が登場します．これらは最古の暗号文ではないかといわれています．

　紙と鉛筆ぐらいで作れる暗号を古典暗号，専用の機械が必要な暗号を近代暗号，1970 年代以降の新しい発想による暗号を現代暗号などと分類します．

9.1　古典暗号

　旧約聖書　BC5 世紀の旧約聖書の中には**アトバシュ**とよばれる暗号が使われていました．ヘブライ語のアルファベット (22 文字) の順番を逆にして文字を入れ替える方法 (換字式暗号) です．

最初の aleph を最後の tav に，2 番目の beth を最後から 2 番目の shin といった具合に折り返していきます．「ダ・ヴィンチ・コード」にも登場しました．また旧約聖書の総数 30 万 4805 字をある文字間隔で飛ばし読みして意味を捜し出すという研究もあります．マイケル・ドロズニンの『The Bible Code』(聖書の暗号) がベストセラーになりました．

スパルタ　BC5 世紀のスパルタで使われていた方法です．丸い棒 (スキュタレー) にテープ状の革ひもを巻きつけて，横に文字を書きます．ひもを棒からほどいてしまえば，順番はめちゃくちゃ，といっても等間隔ですが (転置式暗号)．読むには再び棒に革ひもを巻きつけます．もちろん，同じ太さの棒でないとだめですね．

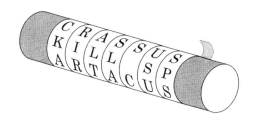

図 **9.1**　スキュタレー

ポリュビオアス　BC2 世紀のギリシャの歴史家ポリュビオアスが用いた暗号です．換字式暗号ですが，文字を数字に変換するという画期的なアイデアでした．変換するには $5 \times 5 = 25$ のマス目にアルファベットを記入して，1 つのアルファベットを 2 桁の数字で表します．ただし，I と J は区別していません．

	1	2	3	4	5
1	A	B	C	D	E
2	F	G	H	I,J	K
3	L	M	N	O	P
4	Q	R	S	T	U
5	V	W	X	Y	Z

A は 11, B は 12, $\cdots$, Z は 55 に置き換えます．各文字の行列の成分です．

$$\text{LOVE} \to 31345115$$

となります．

シーザー ローマ皇帝ジュリアス・シーザーも換字式暗号を使っていました．単純にアルファベットを 3 文字ずらすだけです．

$$\text{LOVE} \to \text{ORYH}$$

になります．復元するには逆に 3 文字ずらせば良いわけです．ところでずらして作っていると分かってしまえば，復号は 26 通りしかありません．一つずつずらしてみれば解読されてしまいます．ところで映画『2001 年宇宙の旅』(1968 年) に登場する人工知能をもつコンピュータ「HAL」は，IBM を一文字ずつずらしたと言われています．

クイーン・メアリー スコットランドの女王メアリーは 1548 年にフランスのアンリー 2 世のもとに逃れます．そして 1558 年 4 月に皇太子フランソワと結婚します．この年の 11 月に，はとこのエリザベス 1 世がイングランド女王に即位しますが，アン

リー2世は自分の妻こそが正当な王位継承権と主張します．何とか和解しますが，フランスとイングランドの関係はよくありません．いまでも．夫の病死にともないメアリーは1561年にスコットランドに戻ります．ここから女王メアリーとエリザベス1世の間には宗教改革や王位継承が絡んだ複雑な関係が始まります．ダーリン卿との再婚，殺害，また再婚．さすがにこの再婚はプロテスタントとカソリック双方から反対されます．1586年にエリザベス1世の暗殺を企てたバビントン事件が発覚，メアリーも関与したとして裁判にかけられます．主席国務卿サー・フランシス・ウォルシンガムはメアリーも他の共犯者と同様に死罪にすべきだ主張するのですが証拠が不十分．じつはメアリーが共犯者たちと交わした手紙はすべて暗号化されていたのです．それも次ページの図のようにアルファベットは特別な記号で表され，逆に数字や単語は記号で表すという複雑な暗号でした．メアリーの手紙を入手したウォルシンガムは，イングランド随一の暗号解読者トマス・フェリペスに解読を依頼します．彼は頻度分析から手紙の暗号を解読し，その結果メアリーの関与が決定します．メアリーは有罪 (斬首) となります．"In My End Is My Beginning" の言葉を残して．

トリテミウス　ドイツの修道僧ヨハネス・トリテミウス (1462-1516) は多表式暗号とよばれる方法を考案しました．基本的には文字をずらすのですが，表 (図 9.3) を見ながら，1文字目は1行目，2文字目は2行目，といったようにひと文字毎に1行ずらした行を使って暗号化していきます．27文字目ごとにまた1行目に戻ります．たとえば

$$\text{LOVE} \rightarrow \text{LPXH}$$

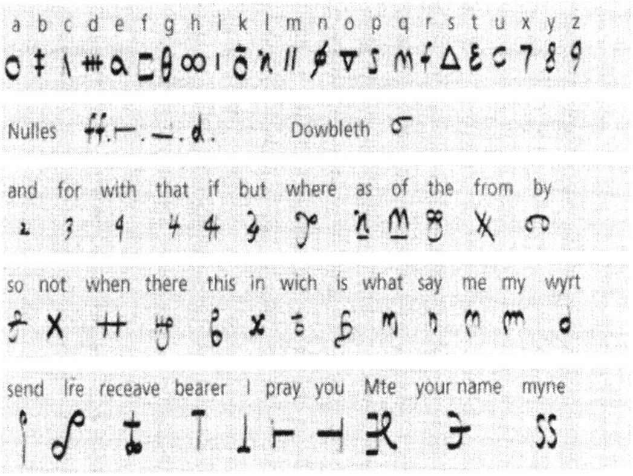

図 9.2　メアリーの暗号 (サイモン・シン著『暗号解読』(青木薫訳, 新潮社) より)

となります．次ページの置換表で確認してください．

カルダーノ　16世紀のイタリアの数学者ジェロラモ・カルダーノはカードを使った暗号を考案ました．たくさんの穴のあいたカードを作り，その穴を使って文章を書きます．書き終えると穴以外の部分に文字を書き足して普通の文章のように見せかけます．逆に読むときはそのカードを当てればよいわけです．カードがないと解読できませんね．分置式暗号とよばれ穴をあけたカードはカルダングリルといいます．ルイ13世の宰相リシュリュー(1585-1642) もこの暗号を用いていました．リシュリューは「カビネ・ノワール」とよばれる秘密警察を設立した人物です．暗号はスパイの必須道具です．

	A	B	C	D	E	F	G	H	I	J	K	L	M	N	O	P	Q	R	S	T	U	V	W	X	Y	Z
A	A	B	C	D	E	F	G	H	I	J	K	L	M	N	O	P	Q	R	S	T	U	V	W	X	Y	Z
B	B	C	D	E	F	G	H	I	J	K	L	M	N	O	P	Q	R	S	T	U	V	W	X	Y	Z	A
C	C	D	E	F	G	H	I	J	K	L	M	N	O	P	Q	R	S	T	U	V	W	X	Y	Z	A	B
D	D	E	F	G	H	I	J	K	L	M	N	O	P	Q	R	S	T	U	V	W	X	Y	Z	A	B	C
E	E	F	G	H	I	J	K	L	M	N	O	P	Q	R	S	T	U	V	W	X	Y	Z	A	B	C	D
F	F	G	H	I	J	K	L	M	N	O	P	Q	R	S	T	U	V	W	X	Y	Z	A	B	C	D	E
G	G	H	I	J	K	L	M	N	O	P	Q	R	S	T	U	V	W	X	Y	Z	A	B	C	D	E	F
H	H	I	J	K	L	M	N	O	P	Q	R	S	T	U	V	W	X	Y	Z	A	B	C	D	E	F	G
I	I	J	K	L	M	N	O	P	Q	R	S	T	U	V	W	X	Y	Z	A	B	C	D	E	F	G	H
J	J	K	L	M	N	O	P	Q	R	S	T	U	V	W	X	Y	Z	A	B	C	D	E	F	G	H	I
K	K	L	M	N	O	P	Q	R	S	T	U	V	W	X	Y	Z	A	B	C	D	E	F	G	H	I	J
L	L	M	N	O	P	Q	R	S	T	U	V	W	X	Y	Z	A	B	C	D	E	F	G	H	I	J	K
M	M	N	O	P	Q	R	S	T	U	V	W	X	Y	Z	A	B	C	D	E	F	G	H	I	J	K	L
N	N	O	P	Q	R	S	T	U	V	W	X	Y	Z	A	B	C	D	E	F	G	H	I	J	K	L	M
O	O	P	Q	R	S	T	U	V	W	X	Y	Z	A	B	C	D	E	F	G	H	I	J	K	L	M	N
P	P	Q	R	S	T	U	V	W	X	Y	Z	A	B	C	D	E	F	G	H	I	J	K	L	M	N	O
Q	Q	R	S	T	U	V	W	X	Y	Z	A	B	C	D	E	F	G	H	I	J	K	L	M	N	O	P
R	R	S	T	U	V	W	X	Y	Z	A	B	C	D	E	F	G	H	I	J	K	L	M	N	O	P	Q
S	S	T	U	V	W	X	Y	Z	A	B	C	D	E	F	G	H	I	J	K	L	M	N	O	P	Q	R
T	T	U	V	W	X	Y	Z	A	B	C	D	E	F	G	H	I	J	K	L	M	N	O	P	Q	R	S
U	U	V	W	X	Y	Z	A	B	C	D	E	F	G	H	I	J	K	L	M	N	O	P	Q	R	S	T
V	V	W	X	Y	Z	A	B	C	D	E	F	G	H	I	J	K	L	M	N	O	P	Q	R	S	T	U
W	W	X	Y	Z	A	B	C	D	E	F	G	H	I	J	K	L	M	N	O	P	Q	R	S	T	U	V
X	X	Y	Z	A	B	C	D	E	F	G	H	I	J	K	L	M	N	O	P	Q	R	S	T	U	V	W
Y	Y	Z	A	B	C	D	E	F	G	H	I	J	K	L	M	N	O	P	Q	R	S	T	U	V	W	X
Z	Z	A	B	C	D	E	F	G	H	I	J	K	L	M	N	O	P	Q	R	S	T	U	V	W	X	Y

図 9.3　トリテミウスの置換表

ルイ 14 世 (1638-1715)　太陽王はロシニョール父子に命じて重要な文書を暗号化させました．音節単位で数を対応させるコードブック (587 個のコード) を作成して，すべての単語を数字で置き換えてしまうものでした．日本語でいえば「数=123，生=456，学=789，…」として，数学=123789，学生=789456 といった感じです．コードブックが無いと解けません．ロシニョール一家を除いては誰も解読することができない最強の暗号でした．「大暗号」ともよばれました．しかし 1893 年頃にフランスの軍人エティエンヌ・バズリーがついに解読します．出現頻度が多い

$$124 - 22 - 125 - 46 - 345$$

を「敵」(les ennemis) と翻訳することによって成功しました．解読された手紙の中には後に鉄火面の男 (The Man in The Iron Mask) とよばれるバスティーユの囚人がヴィヴィアン・ドゥ・ブロンドゥ将軍であることも書かれていました．この「大暗号」に対して，ナポレオンが用いた「小暗号」というのもあります．大暗号の簡約版で，アルファベットと数十の文字に数を対応させましたが，コードの数は 100 個以下です．この暗号はロシアに解読されていました．

　ビール　1820 年頃の話です．ヴァージニア州のホテルに宿泊していたトマス・J・ビールは，ホテルの主人に鍵のかかった鉄の箱を預けます．「10 年経って私か私の依頼人が引き取りに来ないときは，この箱を開けてくれ」結局，誰も現れませんでした．主人が鍵を壊して箱を開けてみると，ビールの手紙と 3 枚の暗号書が出てきました．手紙には彼が金鉱脈の発掘で大もうけし 2000 万ドル相当の財産を隠したと書かれていました．そして暗号書の 1 枚目には隠し場所，2 枚目には財産の目録，3 枚目には相続人を書き残しました．でもどの暗号書も数字の羅列．なかなか解読できません．ウソかも．しかし第 2 の暗号書がついに解読されました．アメリカの『独立宣言』をまるごと使って作成された書籍暗号とよばれるものでした．これは結構大変な解読です．まず『独立宣言』の単語に番号を付けます．前文と途中は省略．

When^1, in^2 the^3 course^4 of^5 human^6 events^7 it^8 becomes^9 necessary^{10} for^{11} one^{12} people^{13} to^{14} dissolve^{15} the^{16} political^{17} bands^{18} which^{19} have^{20} connected^{21} them^{22} with^{23} another^{24}, and^{25} to^{26} assume^{27} among^{28} the^{29} powers^{30} of^{31} the^{32} earth^{33}, the separate and equal *station to which*^{40} *the laws of nature and of nature's God entitle them*^{50}, *a decent respect to theopinions of mankind requires that*^{60} *they should declare thecauses which impel them to the*^{70} *separation. We hold these*

··· ··· ···

the pursuit of happiness; That to secure^{110} *these*^{111} *rights*^{112}, *governments*^{113} *are*^{114} *instituted*^{115} ···

ところで第 2 の暗号書は 115, 73, 24, 807, 37, 52, 49, 17, 31, 62, 647, 22, 7, 15, 140, 47, 29, 107, 79, 84, 56, 239, 10, 26, 811, 5, 196, 308, ··· となっています．そこで 115 から 115 番目の *instituted* を選びその頭文字 *i* をとります．次は 73 番目の *hold* から *h*，次は 24 番目の *another* から *a* をとります．こうして

I have deposited in the county of Bedford, about four miles from Buford's, in an excavation or vault, six feet below the surface of the ground, ···

と解読されました．残り 2 つの暗号書を解く本は何なのか？ 多くの人が挑戦しています．残りの 2 つの暗号書は A.8 節に載せておきました．そういえば映画『National Treasure』(2004) も『独立宣言』が絡んだ財宝探しでした．そしてこの映画の伏線もテンプル騎士団でしたね．A.12 節を参照してください．

9.2 戦争と暗号

ドイツの暗号 1914 年〜1918 年にかけては第一次世界戦争です．ヨーロッパが主戦場ですが，戦闘はアフリカ，中東，東アジア，太平洋，大西洋，インド洋にもおよび世界の大多数の国が参

戦しました．開戦直後にドイツの海外用海底通信ケーブルがイギリスによって切断されました．このためドイツ軍は通信に国際ケーブルか無線を使うしかなくなり，結果として通信の暗号化技術が発達します．逆にイギリスは解読のための努力をします．

1917 年，ドイツは連合国との開戦を決意しますが，アメリカがヨーロッパ戦線に参戦した場合は非常に不利になります．そこで外相ツィンマーマンはアメリカの欧州参戦を防ぐある策略を練ります．それはメキシコをけしかけてアメリカを攻撃させるというものでした．1918 年に彼はメキシコ駐在ドイツ大使にこの秘密工作にあたるようにと暗号電報を出します．しかしこの電報は英国海軍省暗号室によって解読されていました．秘密工作はアメリカのウィルソン大統領に伝えられ，この事件を機にアメリカの世論はドイツへの宣戦布告となっていきます．英国海軍省暗号室の大手柄ですが，ドイツの暗号解読に成功していることはすべて秘密にします．すべてはアメリカの話．アメリカ陸軍暗号局が暗号電報を入手し解読したことにしました．

マタ・ハリ エキゾチックな顔立ちと官能的な肉体．東洋の衣装で神秘的な踊りをする妖艶なダンサー，マタ・ハリは 1917 年に銃殺刑になります．本名はマーガレッタ・ジーツルイダ・ゼレ(1876-1917)．オランダに生まれ，ベルリン，パリで踊り子として有名になります．フランスのスパイなのか，それともドイツの 2 重スパイなのか？ 決定的な証拠はありません．両国に多くのパトロンがいたのですから何を言われても仕方がないですね．マタ・ハリ逮捕のきっかけも英国海軍省暗号室の暗号解読でした．マドリッド駐在のドイツ武官とベルリンとの交信を傍受し，諜報員 H21 号への活動指示を解読します．ここで諜報員 H21 号の存

在が明らかになります．英国から連絡を受けたフランスは諜報員 H21 号がマタ・ハリであることをつきとめ彼女をスパイとして処刑したのです．東洋では元清朝の皇族川島芳子が「東洋のマタ・ハリ」とよばれ，清朝復建を夢みて中国で活躍しました．1948 年に国民党により処刑されました．

ADFGX 1918 年，フランス軍通信部がドイツの無線通信を傍受していると，ある日突然どの通信文も ADFGX の 5 文字になってしまいました．ドイツ軍のフリッツ・ナベル大佐が考案した ADFGX 暗号ですが，原理はポリュビオアスの暗号と同じです．12345 を ADFGX にしました．ADFGX はモールス信号で識別しやすい文字です．

図 **9.4** エニグマ

エニグマ 20 世紀になると，紙と鉛筆の暗号から電気工学を

用いた暗号へと発展します．ドイツのエニグマ，日本のパープル (九七式暗号)，アメリカの M-209, M-325, SIGABA，スイスの NEMA，イギリスの TypeX などといった機械式暗号装置が開発されます．その中でもエニグマはとくに優れていました．エニグマは 1918 年ドイツのアルトゥール・シェルビウスよって考案 (特許申請) されました．原理は 15 世紀にイタリアのレオン・アルベルティが発明した多アルファベット暗号の暗号円盤 (ローター) を電気工学の技術で電子版にしたものです．5 種類のローターのうちどの 3 枚を使うか，その 3 枚の配列順序，その目盛りの最初の位置，プラグボード配線などを組み合わせて単文字換字表を作っていきます．友人のリヒャルトリッターと共に製品の企業化を図り，発明品にエニグマ (謎) と命名しました．1925 年にドイツ軍が正式採用し 3 万台が使われました．とくに 1942 年からドイツの潜水艦 U ボートでつかわれたエニグマは 4 個のローターを使用するものでもっとも強力な暗号となりました．映画『U-571』(2000 年) は偽装 U ボートを使ってエニグマを争奪する話でしたね．『U ボート』(1981 年) は極限状態の乗組員を描いた名作でした．

　ポーランド暗号局のマリアン・レイェスキが 1932 年頃にエニグマの初期型を解読．その成果はイギリスに渡り，政府暗号学校のアラン・チューリングが 1939 年に理論的な解析に成功します．チューリングは戦後，国立物理学研究所やマンチェスター大学でチューリング・マシーンの実現や人工知能の研究を続けました．『エニグマ』(2001 年)，TV 映画『Code Breaker』(2011 年)，『イミテーション・ゲーム』(2014 年) を鑑賞してください．

64 年ぶりの解読　エニグマによって作られた暗号文はイギリスの暗号研究所によって解読されました．しかし 1942 年にドイツが新しい暗号システム (4 個のローター) を採用して発信した暗号文は解読されていませんでした．この 3 個の未解読暗号文は 1995 年に専門誌に掲載されました．ドイツのアマチュア暗号解読家が 2006 年 1 月に解読を目的とした M4 プロジェクトを立ち上げ，自らの解読のソフトをインターネット上で公開し分散処理に挑戦しました．2500 人の協力のもとに 3 個の内の 1 つが 2006 年 3 月に 64 年ぶりに解読されました．1942 年 11 月 25 日にドイツ軍のUボートから発信され,「撃中緊急潜水．対潜爆弾．最終敵位置 0830 時，対妨信 9863,（方向）220 度,（速度）8 ノット．(敵) 追跡中．」といった内容だそうです．

ゾルゲ　ソビエト連邦のスパイであるゾルゲはナチス党員を装って日本に潜入しました．彼は日本の高官たちから多くの情報を盗み，その情報はマックス・クラウゼンによって暗号化されソビエトに送られました．とくに 1941 年 8 月の東京発モスクワ宛緊急暗号電「軍部首脳はソ連に対し本年中は宣戦しないと決定した」は第二次世界大戦の戦局 (ソビエトのドイツ戦略) に大きく影響しました．クラウゼンは送信する場所を毎回変えるなど非常に慎重に活動したため，日本の特高警察は彼らを摘発することができませんでした．しかし 1941 年 10 月 18 日ゾルゲの協力者である朝日新聞社記者の尾崎秀実が逮捕され，そこからゾルゲのスパイ組織が一網打尽にされました．尾崎秀実は朝日新聞大阪本社から上海通信局に特派員として赴任します．そこでマルクス主

義に傾倒し，ゾルゲと知り合います．帰国後，南満州鉄道嘱託や近衛文麿内閣嘱託と要職に就いていきますが，ゾルゲとも再会．やがて彼の協力者となって機密情報を流します．ゾルゲと尾崎のコードネームは"ラムゼイ"と"オットー"．でも他にも多数の名を使い関係をカモフラージュします．1944年にゾルゲと尾崎は処刑され，クラウゼンは終身刑を言い渡されます．ゾルゲは日本で処刑されましたが，祖国ソビエト連邦では1964年に英雄勲章を与えられます．映画『スパイ・ゾルゲ』(2003年) は篠田正浩監督の作品でした．尾崎秀実は本木雅弘が演じていました．

ミッドウェー海戦 1941年12月8日，日本海軍はアメリカ太平洋艦隊の基地である真珠湾を攻撃し太平洋戦争が勃発します．「ニイタカヤマノボレ」(奇襲作戦開始),「トラトラトラ」(作戦成功) はあらかじめ決められていた通信文でした．

1942年6月5日，日本海軍はミッドウェー海戦を総力戦と位置づけ，一気に決着を図る予定でした．しかし結果は逆に奇襲攻撃を受け空母4隻を失います．この敗北は太平洋戦争のターニング・ポイントとなりこの敗北以降，日本の戦局は悪化の一途をたどります．原因は暗号を解読されたことによります．当時日本海軍が使用していたのは海軍D暗号，アメリカの諜報部はJN-25とよんでいました．非常に複雑な暗号でしたが，アメリカはある程度は解読していました．しかし日本海軍の新たな作戦の攻撃目標「AF」がどこが分かりませんでした．致命的です．太平洋艦隊司令部はミッドウェー島と考え，ワシントン作戦室はアリューシャン列島と推測します．このとき諜報部にいた若い将校ジャスパー・ホームズは名案を思いつきます．彼はミッドウェー島の基地司令官に対して，ハワイ島に向けて次のような緊急電文を送信

するように伝えたました.「海水ろ過装置の故障により，飲料水が不足しつつあり」これを傍受した日本のウェーク島の守備隊は「AF は水不足，攻撃計画はこれを考慮すべし」という暗号文を司令部に送信してしまいます.「AF」はミッドウェー島と確定され，アメリカ海軍は北方洋上で待ち伏せして奇襲攻撃をかけたのです．映画『Midway』(1976) を鑑賞してください.

ナバホ族　映画『WindTalkers』(2002) で描かれていたように，アメリカ軍は第二次大戦中ナバホインディアン自身を暗号として使っていました．そして彼らの言語 65 文字を暗号コードとして使用しました．ナバホ言語を選んだ理由は，ナバホ族が人口 5 万人と比較的多く人材が豊富であること，ドイツのナバホ語研究者が皆無であること，大変複雑な言語で他に類似する言語が存在しないこと，また発音も難しく真似されないこと，などによります．しかし暗号が解読されないようにするには，捕虜となるよりは死を選ぶことになります．ナバホ族の暗号要員は，1942 年のガダルカナル戦から沖縄戦まで，400 名以上が参戦しました.

コロッサス　イギリスが第二次世界大戦中に開発した暗号解読のための計算機です．1500 本の真空管を使っていました．ヒトラーと将官たちが用いていたローレンツ SZ40 暗号機の暗号を解読しました．1944 年 2 月に完成し，改良版は 6 月に作動します．暗号解読により 6 月のノルマンディー上陸作戦に関してドイツ軍が上陸地点を間違って予測していることを知りました.

一方弾道計算に使われた ENIAC は 1946 年 2 月に誕生します．18000 本の真空管を使っていました．1949 年にはプログラム内臓方式の EDSAC が生まれます．ここからプログラム内蔵方式が標準化していきコンピュータの歴史が始まります.

9.3 共通鍵と公開鍵

暗号化と復号に共通の鍵を用いる暗号を**共通鍵方式**，対称鍵暗号，慣用暗号方式などといいます．復号するためには鍵を受け渡す必要があり，この過程で盗まれたり盗聴される危険性があります．一方，暗号化と復号化に別の鍵を用いるのが**公開鍵方式**です．アメリカのホイットフィールド・ディフィーは，インターネットの前身であるアーパネット (ARPANet) が誕生した時に，データ通信や電子メールの世界を予測しました．そこで必要となるものは各個人の暗号です．1976 年スタンフォード大学のマーティン・ヘルマンとともに，公開鍵という"アイデア"を発見しました．暗号化と復号化で異なる鍵を用い，暗号化の鍵を公開鍵として誰でも入手できるようにします．もちろん復号化するためには本人のみの個人鍵を使います．暗号化の鍵を公開できるため，不特定多数の人々が情報をやりとりするネットワーク上での暗号通信に適します．

DES 暗号　1973 年にアメリカ商務省標準局は政府標準暗号を公募しました．最終的には IBM 社トマス・J・ワトソン研究所のホルスト・ファイステルが開発したルシファー (金星暗号) を改良したものが 1977 年に正式に採用されます．共通鍵暗号方式で，「DES」(Data Encryption Standard) とよばれました．56 ビットの鍵を持っており，その組合せは約 7 京です．解読不可能といわれていました．1994 年に三菱電機の松井充はすべての鍵を調べる鍵総当りよりも効率的な線形解読という方法を発見し，DES の解読に成功します．

RSA暗号　前述のディフィーとヘルマンの発明した公開鍵の"アイデア"を実現するための数学的手法は，マサッチューセッツ工科大学のロン・リベスト，アディ・シャミア，レオナルド・アドルマンの3人によって発明されました．この数学の仕組みについては第11章でもう一度勉強しましょう．公開鍵暗号はこの3人の頭文字を取って「RSA暗号」とよばれます．ところでイギリス政府通信本部 (GCHQ) のジェイムス・エリスは，RSA公開鍵が発表される4年前に同様の概念に気づいていたそうです．しかしこのことは政府の秘密隠蔽により最近まで知られていませんでした．

チューリング賞　　エニグマの暗号解読に貢献したチューリングは戦後，人工知能の研究を続けます．「機械は考えることができるのか」彼はこの問題に対する判定基準を1950年の論文で明示します．後にチューリング・テストとよばれるようになりますが，残念なことにまだどの機械もこのテストにパスしていません．1952年にチューリングは同性愛罪で逮捕され，かつスパイの嫌疑をかけられます．その屈辱から2年後に青酸カリで自ら命を絶ちました．42歳でした．アメリカ計算機学会 (ACM) はチューリングの業績を称え，1966年より彼の名を冠した**チューリング賞**を授与しています．計算機科学のノーベル賞です．上述のRSA暗号を発明した3名は2002年の受賞者です．

第 10 章

モジュラスの世界

モジュラス数学とは，割り算をしたときの余りに着目する数学です．

$$57 \div 5 = 11 \quad 余り 2$$

のとき 5 を法として 57 と 2 は同じ数字だと考えます．このことを

$$57 = 2 \pmod{5}$$

と書きます．

$$45 = 6 \pmod{13}$$
$$32 = 10 \pmod{11}$$

となります．

10.1 四則演算

mod 7 の世界での足し算は次のようになります．

+	0	1	2	3	4	5	6
0	0	1	2	3	4	5	6
1	1	2	3	4	5	6	0
2	2	3	4	5	6	0	1
3	3	4	5	6	0	1	2
4	4	5	6	0	1	2	3
5	5	6	0	1	2	3	4
6	6	0	1	2	3	4	5

引き算はマイナスの数の足し算ですが，0～6 しかありませんからマイナスの数って何でしょうか？　たとえば

$$5 + 2 = 0 \pmod{7}$$

ですから

$$-5 = 2 \pmod{7}, \quad -2 = 5 \pmod{7}$$

と考えます．

$$-1 = 6 \pmod{7}, \quad -2 = 5 \pmod{7},$$
$$-3 = 4 \pmod{7}, \quad -4 = 3 \pmod{7},$$
$$-5 = 2 \pmod{7}, \quad -6 = 1 \pmod{7}$$

となります．

掛け算は次ページのようになります．

×	0	1	2	3	4	5	6
0	0	0	0	0	0	0	0
1	0	1	2	3	4	5	6
2	0	2	4	6	1	3	5
3	0	3	6	2	5	1	4
4	0	4	1	5	2	6	3
5	0	5	3	1	6	4	2
6	0	6	5	4	3	2	1

割り算は逆数の掛け算ですが，0～6 しかありませんから逆数って何でしょうか？ たとえば

$$5 \times 3 = 1 \pmod 7$$

ですから

$$5^{-1} = 3 \pmod 7, \quad 3^{-1} = 5 \pmod 7$$

と考えます．

$$1^{-1} = 1 \pmod 7, \quad 2^{-1} = 4 \pmod 7,$$
$$3^{-1} = 5 \pmod 7, \quad 4^{-1} = 2 \pmod 7,$$
$$5^{-1} = 3 \pmod 7, \quad 6^{-1} = 6 \pmod 7$$

となります．

ISBN コードの秘密　書籍の裏についている 13 桁の数字のことです．ただしハイフンは無視します．ISBN (International Standard Book Number：国際標準図書番号) といい，日本の書籍の場合は最初の 3 桁は 978，4 桁

目の4は日本を表し，以下の数字で出版社や出版物に関する固有の情報が数字化されています．このコード番号があるとすぐに書籍を検索できますし，在庫管理もスムースになります．同じような13桁の数字がバーコードに書かれていますね．こちらはJANコード (Japanese Article Number) とよばれるものです．いずれのコードも読み取り間違いが起きるのではないかと，ちょっと不安になりませんか．ゴミがついて7が0になったり，5が6になったりしたら大変ですね．じつはそのための安全策が隠されています．それは13桁の最後の数字です．例えばISBNが

$$a_1 a_2 a_3 \cdots a_{13}$$

のとき

$$a_1 + a_3 + \cdots + a_{13}$$
$$+ 3 \times (a_2 + a_4 + \cdots + a_{12}) = 0 \quad (\mathrm{mod}\ 10)$$

となるように a_{13} が定められています．つまり

$$a_1 + a_3 + \cdots + a_{11}$$
$$+ 3 \times (a_2 + a_4 + \cdots + a_{12}) = n \quad (\mathrm{mod}\ 10)$$

のとき

$$a_{13} = 10 - n$$

です．必ず $0 \sim 9$ のいずれかの数字になります．この本のISBNコード $978 - 4 - 903342 - 71 - 9$ で確かめてみましょう．

$$(9+8+9+3+4+7+9)$$
$$+3\times(7+4+0+3+2+1)$$
$$=9+3\times 7=30=0 \pmod{10}$$

です．例えば数字を 1 個所だけ間違えたとしましょう．奇数番目の a を b としてしまうと和は $a-b$ だけずれます．偶数番目の a を b としてしまうと和は $3(a-b)$ だけずれます．いずれの場合も 0 にはなりませんから，ミスに気が付きます．でもたとえば奇数番目の a と次の右横の b を逆に $b\,a$ と打ち込んでしまうと

$$b+3a-(a+3b)=2(a-b)$$

だけずれますね．あれ，$a-b=5 \pmod{10}$ のとき，たとえば $a=1, b=6$ のときは $2\times 5=10=0 \pmod{10}$ となり，和は変わりません．つまり和ではチェックできません．他にも奇数番目どうしの入れ替えや偶数番目どうしの入れ替えでも和は変わりません．現在では昔に比べ読み取り機器の性能は格段に向上しました．そこでこのくらいのエラーチェック機能があれば十分なのです．

2006 年 12 月以前では ISBN コードは最初の 978 を除いた 10 桁でした．この場合は mod 11 のチェック機能が働き，必ず読み取りミスは検出できました (A11 節参照)．JAN コードは精度は落ちますが，13 桁が扱えます．JAN コードとの統一を図る意味で ISBN コードも 13 桁になりました．

10.2 ユークリッドの互除法

2つの自然数 a, b の最大公約数を

$$(a, b)$$

と書くことにしましょう．たとえば

$$(12, 8) = 4, \quad (24, 16) = 8, \quad (15, 27) = 3,$$
$$(4, 5) = 1, \quad (16, 2) = 2$$

です．$(a, b) = 1$ のとき，a と b は**互いに素**であるといいます．上の例では，4 と 5 は互いに素ですね．a, b が大きな数になったとき，その最大公約数を求めるのは大変ですが，次の定理を用いると便利です．証明は A.9 節に載せました．

定理　$a \geq b$ としましょう．

$$a = q \times b + r, \ 0 \leq r < b$$

のとき

$$(a, b) = (b, r)$$

である．

この定理を使って $(1284, 354)$ を求めてみましょう．

$$1284 = 3 \times 354 + 222$$
$$354 = 1 \times 222 + 132$$
$$222 = 1 \times 132 + 90$$

$$132 = 1 \times 90 + 42$$
$$90 = 2 \times 42 + 6$$
$$42 = 7 \times 6 + 0$$

ですから

$$(1284, 354) = (354, 222) = (222, 132)$$
$$= (132, 90) = (90, 42) = (42, 6) = 6$$

となって $(1284, 354) = 6$ が得られます．このようにして最大公約数 (a, b) を求める方法を**ユークリッドの互除法**といいます．割り算を順次繰り返していって，余りが 0 になる手前の式の余りが最大公約数です．式を逆にたどると

$$6 = 90 - 2 \times 42 = 90 - 2(132 - 90)$$
$$= 3 \times 90 - 2 \times 132 = 3 \times (222 - 132) - 2 \times 132$$
$$= 3 \times 222 - 5 \times 132 = 3 \times 222 - 5 \times (354 - 222)$$
$$= 8 \times 222 - 5 \times 354 = 8 \times (1284 - 3 \times 354) - 5 \times 354$$
$$= 8 \times 1284 - 29 \times 354$$

つまり

$$6 = 8 \times 1284 - 29 \times 354$$

と書くことができます．一般に次のことがいえます．

定理 a, b の最大公約数 (a, b) に対して

$$(a, b) = p \times a + q \times b$$

となる整数 p, q を見つけることができる．とくに $(a, b) = 1$ であれば

$$1 = p \times a + q \times b$$

となる．

たとえば $(17, 13) = 1$ です．互助法を用いると

$$17 = 1 \times 13 + 4$$
$$13 = 3 \times 4 + 1$$
$$4 = 4 \times 1 + 0$$

ですから

$$1 = 13 - 3 \times 4 = 13 - 3 \times (17 - 13) = 4 \times 13 - 3 \times 17$$
$$1 = 4 \times 13 - 3 \times 17$$

が得られます．

スポーツの得点　a, b が互いに素だと $1 = p \times a + q \times b$ とできました．ということはすべての整数が a, b で書けます．実際に n は

$$n = (np) \times a + (nq) \times b$$

となります．映画『Die Hard 3』(1995 年) を覚えていますか．噴水に置いてある鞄に爆弾が仕掛けられました．マクレーン刑事と相棒のゼウスは公園へ駆けつけます．そこでまたなぞ掛け．「爆弾を止めるには 4 ガロンの噴水の水

を鞄に載せること」ただし周りには5ガロン容器と3ガロン容器しかありません．$(3,5)=1$ ですから，4 は作れます．たとえば $4 = 2 \times 5 - 2 \times 3$ です．でもこの爆弾魔の問題は容器が2つしかないところが難しいですね．

上の n を表す式で，ちょっと考えると p, q を正にとれることが分かります．相手と戦うスポーツの得点はなるべく異なる得点になるようにしたほうが面白いはずです．得点パターンを互いに素にしておけば，すべての自然数が可能となります．たとえばラグビーはトライ5点，ゴール2点，ペナルティ3点と互いに素にしてあります．アメフトはタッチダウン6点，トライフォアポイント1点（キック），2点（ラン・パス），フィールトゴール3点です．6は素数でないですが，6点＋1点＝7点はほぼセットになっているので，実質は7点と3点です．サッカーは得点パターンが1点ですから，単純そのもの．だから引き分けや PK 戦が多くなるのですね．

10.3　$ax = b$ は解けるか？

$ax = b$ ですか？　$a \neq 0$ であれば，$x = \dfrac{b}{a}$ でしょう．そうですが，今，我々はモジュラスの世界にいます．それならば a の逆数を求めて，$x = a^{-1}b$ でしょう．そうですが，a^{-1} はいつもあるのでしょうか？　たとえば mod 4 の世界だと

$$2 \times x = 1 \pmod{4}$$

となる数はありません．実際，

$$2 \times 0 = 0,\ 2 \times 1 = 2,\ 2 \times 2 = 0,\ 2 \times 3 = 2 \quad (\mathrm{mod}\ 4)$$

ですから，この方程式は解けません．同様に $2 \times x = 3$ も解がありません．さらには $2 \times x = 2$ は $x = 1, 3$ と 2 つの解が存在します．何だか複雑になって来ました．でも次の場合は大丈夫です．

定理 $(a, n) = 1$ ならば，$ax = b \pmod{n}$ は解を持つ．

実際に $(a, n) = 1$ ならはユークリッドの互除法を用いて

$$1 = p \times a + q \times n$$

なる整数 p, q が取れます．ここで両辺を b 倍すれば

$$b = bp \times a + bq \times n = bp \times a \quad (\mathrm{mod}\ n)$$

となり，$x = bp$ が解です．たとえば $(17, 13) = 1$ でしたから，

$$17x = 5 \quad (\mathrm{mod}\ 13)$$

は解を持ちます．実際，$1 = 4 \times 13 - 3 \times 17$ ですから，$x = 5 \times (-3) = -15 = 11 \pmod{13}$ が解です．

10.4 オイラーの関数

n を自然数としたとき，$1 \leq a \leq n$ なる自然数で $(a, n) = 1$ となるものの個数を

$$\phi(n)$$

と書き，**オイラー関数**とよびます．たとえば $n = 12$ としてみましょう．$(a, 12) = 1$ となる数は，$a = 1, 5, 7, 11$ です．したがって

$$\phi(12) = 4$$

となります. $n = 20$ まで求めてみましょう.

$$\phi(1) = 1 \quad \phi(2) = 1 \quad \phi(3) = 2 \quad \phi(4) = 2$$
$$\phi(5) = 4 \quad \phi(6) = 2 \quad \phi(7) = 6 \quad \phi(8) = 4$$
$$\phi(9) = 6 \quad \phi(10) = 4 \quad \phi(11) = 10 \quad \phi(12) = 4$$
$$\phi(13) = 12 \quad \phi(14) = 6 \quad \phi(15) = 8 \quad \phi(16) = 8$$
$$\phi(17) = 16 \quad \phi(18) = 6 \quad \phi(19) = 18 \quad \phi(20) = 8$$

いくつかの性質に気づきましたか？

性質1 : n が素数 p のとき

$$\phi(p) = p - 1$$

です. 素数の定義は 1 と自分自身以外に約数のない数ですから, $a = n$ 以外の a に対して $(a, n) = 1$ となります. したがって $\phi(p) = p - 1$ です. 確かに $\phi(7) = 6$, $\phi(13) = 12$ です.

性質2 : n が素数の冪 p^k のとき

$$\phi(p^k) = p^k - p^{k-1}$$

です. p^k の約数を数えてみてください. $\phi(8) = \phi(2^3) = 2^3 - 2^2 = 4$, $\phi(16) = \phi(2^4) = 2^4 - 2^3 = 8$ となります.

性質3 : $n = ab$, $(a, b) = 1$ のとき

$$\phi(ab) = \phi(a)\phi(b)$$

となります．たとえば $15 = 3 \times 5, (3,5) = 1$ ですから $\phi(15) = \phi(3)\phi(5) = 8$ となります．

この3つの性質を組み合わせると，$\phi(n)$ を計算するのに $(a,n) = 1$ となる a をすべて数えることなく，容易に計算することができます．たとえば

$$\phi(323) = \phi(17 \times 19) = \phi(17)\phi(19) = 16 \times 18 = 288$$
$$\phi(200) = \phi(2^3 \times 5^2) = \phi(2^3)\phi(5^2) = (2^3 - 2^2)(5^2 - 5) = 80$$

と計算されます．このオイラー関数 $\phi(x)$ に関して次の定理が成立します．

オイラーの定理 自然数 n が $(a,n) = 1$ であれば

$$a^{\phi(n)} = 1 \pmod{n}$$

となる．

定理の証明は A.10 節で与えます．とくに定理で n が素数 p のときは $\phi(p) = p - 1$ ですから

$$a^{p-1} = 1 \pmod{p}$$

となります．これは**フェルマーの小定理**とよばれています．

オイラーの定理を確かめてみましょう．たとえば $\phi(15) = 8$ でした．$(7,15) = 1$ に対して

$$7^8 = 49^4 = 4^4 = 16^2 = 1^2 = 1 \pmod{15}$$

$(11,15) = 1$ に対しては

$$11^8 = (-4)^8 = 16^4 = 1^4 = 1 \pmod{15}$$

となります. $p = 7$ のとき

$$4^6 = 16^3 = 2^3 = 1 \pmod 7$$
$$15^6 = 3^6 \times 5^6 = 9^3 \times 25^3 = 2^3 \times 4^3$$
$$= 1 \times 2 \times 4 = 1 \pmod 7$$

ですので確かに成立しています.

フェルマーの大定理　　小定理に比べて以下の大定理は数学の中の超難問でした.

n を 3 以上の自然数としたとき

$$x^n + y^n = z^n$$

となる自然数の解 x, y, z は存在しない.

これが**フェルマーの大定理**です. $n = 2$ のときは, 解は無数にあります. 3.2 節の辺の長さが整数比の直角三角形を思い出してください. x, y, z はピタゴラス数でした. 17 世紀のフランスの数学者フェルマー (1601-1665) は, ディオファントスの著作『算術』の余白に「私は真に驚くべき証明を見つけた. 余白は書くには狭すぎる」と書き残しました. それ以降, 多くの数学者がその証明に挑戦します. フェルマー自身も 1640 年に $n = 4$ のときを証明します. $n = 3$ のときはオイラー, $n = 5$ のときはルジャンドルとラメが証明します. そして最終的には 1994 年 10 月にア

ンドリュー・ワイルズによってこの定理が正しいことが証明されました．最近はフェルマー・ワイルズの定理とよばれています．

第1章で数学者を扱った映画の話をしましたが，このフェルマーの大定理をめぐるミュージカルとして『Fermat's Last Tango』(2000年)があります．クレイ数学研究所が製作しました．ワイルズの苦悩や閃きが描かれ，ピタゴラス，ユークリッド，ガウス，ニュートンも登場します．また日本でもユニークポイントの舞台『フェルマーの最終定理』(2008年)が上演されました．こちらは証明の現場に居合わせた日本人の若手数学者を描いたフィクションです．作・演出はユニークポイント代表，劇作家の山田裕幸氏です．彼は学習院大学理学部数学科卒です．

第 11 章

公開鍵の仕組み

　暗号を作るには「鍵」が必要です．そして復号するときも「鍵」が必要です．といってもこの鍵はドアーの鍵とはちょっと違いますよ．要するにアルゴリズム (操作) のことです．たとえばシーザー暗号であれば

$$暗号化の鍵 = 3 文字右にずらす$$

$$復号化の鍵 = 3 文字左にずらす$$

です．この場合暗号化の操作の逆操作が復号の操作です．同じ鍵を右に回すか，左に回すかぐらいの違いですね．よってこのような鍵は共通鍵とか対称鍵などとよばれます．

11.1　共通鍵と公開鍵

　共通鍵の利点は同じ鍵を使うので処理が速いことです．その反面，欠点としては

- 鍵を相手に渡す (知らせる) 必要があります．どうやって安全に渡すか？ 渡す途中で盗まれたりしないか？ 心配ならば鍵を渡すこと自体も暗号化しなくては・・・
- 多くの相手がいる場合，それだけ異なった鍵が必要になります．実際，A さんと B さんに秘密の手紙を送ったとしましょう．A さんに読み方の鍵を教えたとき，その鍵で B さんへの手紙も読めてしまったら秘密になりません．

　暗号はかつては軍事や外交など限られた世界で使われていました．しかし，インターネットを利用したショッピング，バンキング，株式投資などが盛んになるにつれ，暗証番号，パスワード，カード番号などの送信が必要不可欠となりました．そしてその機密を保持する手段としてそれらの暗号化が大きな問題になります．このような社会では共通鍵ではうまくいきません．万が一，共通の鍵が盗まれれば不特定多数の人が被害の対象となってしまいます．これを避けるには莫大な数の鍵が必要となるので，共通鍵は実用的とはいえませんね．

　それに対して公開鍵暗号では暗号化と復号化の 2 つの異なる鍵を用意します．そして大胆にも暗号化の鍵を公開してしまいます．もちろん復号するための鍵は自分自身しか知らない秘密の鍵にします．このような鍵を使うと，どうして安全に情報伝達ができるのでしょうか？

11.2　ピザの注文

　ピザのデリバリーを例に説明しましょう．ピザ屋さんはペアの鍵を 1 組作ります．このペアの鍵の特徴は

- 片方の鍵で暗号化したものは，もう一方の鍵でしか復号化できない
- 片方の鍵からもう一方の鍵を類推できない

です．そしてそのうちの 1 つを公開鍵として公開します．もう 1 つは秘密鍵として自分で大切に保管しておきます．そして各家庭にデリバリーのチラシを配ります．チラシには

「秘密を希望される方は，注文の際には公開鍵をお使いください」

と書いてあります．A 君はピザを注文したいのですが，自分の住所とピザの中身と枚数を誰にも知られたくない．そこでこのシステムを使うことにしました．今日の注文を

『5 丁目の A だけど，サラミとツナとハムのピザ 3 枚をお願いします』

と公開鍵で暗号化して送ります．この暗号は秘密鍵でないと復号できません．その鍵はピザ屋さんが大切に保管しているので，ピザ屋さん以外の人はこの暗号を読むことができません．ピザ屋さんは送られてきたメッセージを秘密鍵で復号し，注文を受けます．

一応，めでたしめでたしですが，ピザ屋さんはちょっと不安です．本当に注文は A さんなのかな？ 誰かのイタズラ注文ではないよなあ．本当に A さんから注文かどうか確認できないでしょうか？ こんな不安を解消するのが公開鍵暗号を利用した**認証**です．

A さんにも公開鍵と秘密鍵のペアを作ってもらいます．A さんは

『5 丁目の A だけど，サラミとツナとハムのピザ 3 枚をお願いします』

をピザ屋の公開鍵で暗号化します．前と同じですね．次に

【僕は A です】

を A さんの秘密鍵で暗号化します．これにピザ屋さんの公開鍵でさらに鍵を掛けます．

『【僕は A です】』

【 】は A さんの秘密鍵による暗号化，『 』はピザ屋さんの公開鍵による暗号化です．A さんは 2 つのメッセージ

　『5 丁目の A だけど，サラミとツナとハムのピザ 3 枚
　　をお願いします』『【僕は A です】』

をピザ屋さんに送ります．ピザ屋さんは自分の公開鍵で暗号化されたメッセージを受け取り，それを自分の秘密鍵で復号します．

　5 丁目の A だけど，サラミとツナとハムのピザ 3 枚を
　お願いします．【僕は A です】

と読み取れるはずです．でも．【僕は A です】のところは A さんの秘密鍵で暗号化されているので分かりません．ところでピザ屋さんは注文が A さん自身からなのか確認したかったのですよね．"5 丁目の A だけど…" とあるので一応，A さんかららしい．そこで A さんの公開鍵を探します．公開されているのですから見つかります．この公開鍵をつかえば【僕は A です】は復号され (公開鍵と復号鍵はペアでした)

僕は A です

と読めます．A さん本人しか知らないはずの秘密鍵でのメッセージだったわけですから，注文主は A さんと確認できました．別に

"僕は A です"でなくても，"ワッハッハ"でも構いません．【ワッハッハ】が A さんの公開鍵で復号できれば A さんと認証されます．

11.3 数学の裏付け

この公開鍵システムの大事なところは

- 片方の鍵で暗号化したものは，もう一方の鍵でしか復号化できない
- 片方の鍵からもう一方の鍵を類推できない

でした．この部分を保証するのが第 10 章のモジュラスの数学です．

たとえば A さんはピザ屋さんに

$$2006$$

送りたいとします．ピザ屋さんの公開鍵を使って暗号化し，ピザ屋さんは秘密鍵でそれを復号するのでしたね．

最初にピザ屋さんはペアの鍵を作ります．そのためには 2 つの素数を選び，その積が 2006 より大きくなるようにします．47 と 53 にしましょう．

$$47 \times 53 = 2491 > 2006$$

だから大丈夫です．このときオイラー関数の値を計算すると

$$\phi(2491) = \phi(47)\phi(53) = 46 \times 52 = 2392$$

ここで 2392 と互いに素な数を 1 つ選びます．1747 としましょう．

$$(2392, 1747) = 1$$

すると 10.3 節の定理から

$$1747x = 1 \pmod{2392}$$

は解を持ちます．$a \times 1747 + b \times 2392 = 1$ となる a, b を見つければ $x = a$ が解です．実際に a, b を見つけるには，ユークリッドの互除法を用いればよかったですね．

$$2392 = 1 \times 1747 + 645$$
$$1747 = 2 \times 645 + 457$$
$$645 = 1 \times 457 + 188$$
$$457 = 2 \times 188 + 81$$
$$188 = 2 \times 81 + 26$$
$$81 = 3 \times 26 + 3$$
$$26 = 8 \times 3 + 2$$
$$3 = 1 \times 2 + 1$$
$$2 = 2 \times 1 + 0$$

ですから

$$\begin{aligned}
1 &= 3 - 1 \times 2 = 3 - (26 - 8 \times 3) \\
&= -1 \times 26 + 9 \times 3 = -1 \times 26 + 9(81 - 3 \times 26) \\
&= 9 \times 81 - 28 \times 26 = 9 \times 81 - 28(188 - 2 \times 81)
\end{aligned}$$

$$= -28 \times 188 + 65 \times 81 = -28 \times 188 + 65(457 - 2 \times 188)$$
$$= 65 \times 457 - 158 \times 188 = 65 \times 457 - 158(645 - 1 \times 457)$$
$$= -158 \times 645 + 223 \times 457$$
$$= -158 \times 645 + 223(1747 - 2 \times 645)$$
$$= 223 \times 1747 - 604 \times 645$$
$$= 223 \times 1747 - 604(2392 - 1 \times 1747)$$
$$= -604 \times 2392 + 827 \times 1747$$

となります.したがって

$$x = 827 \quad (\mathrm{mod}\ 2392)$$

が解です.さてここでピザ屋さんは公開鍵と秘密鍵を次のように決めます.

公開鍵: 2491, 1747
秘密鍵: 827

ここで公開鍵は 2 つの素数の積 2491 と $\phi(2491) = 2392$ と互いに素な数 1747 です.また秘密鍵は $1747x = 1 \pmod{2392}$ の解 827 です.ここでピザ屋さんはデリバリーのメニューに

「送る数字は 1747 乗して,2491 で割った余りにしてね」

と書きます.A さんは 2006 を送りたかったのですから,指示通りに

$$2006^{1747} = 2187 \quad (\mathrm{mod}\ 2491)$$

となるので (この計算は省略),2187 をピザ屋さんに送ります.

さて A さんから 2187 を受け取ったピザ屋さんは，自分の持っている秘密鍵 827 で復号します．どのようにするかというと

$$2187^{827} \pmod{2491}$$

を計算します．ピザ屋さんは直接計算するしかないのですが，私たちは

$$2187 = 2006^{1747} \pmod{2491}$$

であることを知っていますから，$1747 \times 827 = 1 \pmod{2392}$ に注意すれば

$$2187^{827} = (2006^{1747})^{827} = 2006^{2392 \times 604 + 1}$$
$$= 2006 \pmod{2491}$$

となり，2006 を知ることができます．途中の計算でフェルマーの小定理から $2006^{2392} = 1 \pmod{2491}$ となることを用いています．このようにしてピザ屋さんは A さんのメッセージを復号することができます．

11.4　秘密鍵はなぜバレない

前節の公開鍵システムでは

公開鍵： 2491, 1747, 秘密鍵： 827

でした．公開鍵 2497, 1747 から秘密鍵 827 は本当に類推できないのでしょうか？　827 は $1747x = 1 \pmod{2392}$ の解でした．2392 が分かればユークリッドの互除法を使って 827 は得られます．$2392 = \phi(2491)$ ですから，公開鍵 2491 のオイラー関数の値

が得られれば，秘密鍵は分かってしまいます．それじゃ，$\phi(x)$ の値をいっぱい求めておけば分かってしまう．その通りなのですが，$\phi(x)$ の値を計算するには，x の素因数分解が必要となります．これは素数の判定と同じくらい大変です．実際の応用上では公開鍵は 300〜600 桁ぐらいの数字です．その数字の因数分解となるととても大変な計算となります．その結果 $\phi(x)$ の値を計算することは不可能に近いのです．したがって秘密鍵は保たれます．

地球が滅んでも解けない　　単純に 300 桁 (1024 ビット) の数字の素因数分解を解くために，$1, 2, 3, \cdots$ と 1 秒で 1 つずつ割って約数をチェックすれば，10^{300} 秒かかります．0.0001 秒でチェックできたとしても 10^{296} 秒が必要です．1 年＝約 3.15×10^7 秒なので，約 3×10^{288} 年が必要になります．30 億年＝3×10^8 年ですから，そのまた 10^{280} 倍以上の年数です．宇宙も無いかも $\cdots$（もっと効率のよい方法は知られています）もちろん偶然に約数が見つかることも起こりえるので絶対に解けないわけではありません．

秘密鍵がバレないことはなんとなく分かりましたが，人類は約 60 億ですよ．みんなが鍵を作ったときたまたま一致しちゃったらどうするんですか？　これまた大丈夫です．150 桁以下の素数を 2 つ使って 300 桁以下の公開鍵を作るとしましょう．150 桁以下の素数はいくつぐらいあるでしょうか？　素数定理 (2.7 節) を思いだしてください．

$$\pi(10^{150}) = \frac{10^{150}}{\log 10^{150}} \doteqdot 10^{147}$$

となります．人口の 60 億は 6×10^8 です．このとき同じ素数を選ぶ確率はほぼ 0 であることが分かります．2 つだとさらにほぼ 0 ですね．第 6 章の同じ誕生日の確率を思い出してください．40 人クラスの 40 を 6×10^8 に，365 日を 10^{147} に置き換えて計算してみましょう．直接の答えは出せなくても同じ素数を選ぶ確率がほぼ 0 であることは納得できます．

ハイブリッド方式　公開鍵方式は数学的な処理に時間が掛かり，処理速度が遅くなります．おおよそ共通鍵方式の 1,000 倍ほどです．したがって公開鍵を使って長文などの大量のデータを送ることは許されません．そこで共通鍵方式と公開鍵方式のメリットとデメリットを考慮した方法が現実では行われています．送信者は文章を共通鍵で暗号化します．そして共通鍵自体は受信者の公開鍵で暗号化して送り，鍵を共有します．受信者は「暗号文」と公開鍵で暗号化された『共通鍵』を受け取ります．そこで秘密鍵で公開鍵で暗号化された『共通鍵』を復号します．その復号して得た共通鍵を使用して「暗号文」を復号します．

第12章

出会いの確率

　B君は借りていたノートを明日 A さんに返すことにしました．しかし，2人とも明日は必修の授業やアルバイトで忙しく，昼休みにしか会えません．2人はキャンパスのベンチで待ち合わせることにしました．

　　A さん：「12時から13時の間なら行けるわ」
　　B 君：　「僕もだ．課題が残っているので，10分しか
　　　　　　待てないよ．」
　　A さん：「私もよ．10分待って会えなかったら，別の
　　　　　　日でいいわ」
　　B 君：　「了解．じゃあ明日の昼休み」

さて2人が出会える確率はどのくらいでしょうか？

12.1 図形を使って解く

　ちょっと手の付けようのない問題ですね．A さん，B 君が何時何分に来るかも分からず，場合分けのしようがありません．そも

そも時間は連続な量ですし … このような場合，図形の面積計算に帰着させると簡単に解くことができます．

A さんの到着時刻を 12 時 x 分としましょう．B 君は 12 時 y 分とします．

$$0 \leq x \leq 60, \quad 0 \leq y \leq 60$$

です．すると 2 人の到着時刻は，一辺が 60 の正方形で表すことができます．そして 2 人が出会えるということは

$$|x - y| \leq 10$$

です．絶対値をはずせば

$$x - 10 \leq y \leq x + 10$$

です．したがって正方形の中の塗りつぶした部分の面積となります．

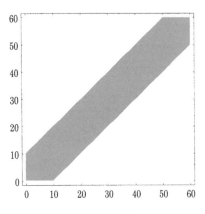

図 **12.1**　10 分の待ち合わせ

以上のことから出会える確率は

$$\frac{60 \times 60 - 50 \times 50}{60 \times 60} = \frac{11}{36}$$

となります．これはちょっと低いですね．待つ時間を 20 分にすれば

$$\frac{60 \times 60 - 40 \times 40}{60 \times 60} = \frac{20}{36} = \frac{5}{9},$$

30 分にすれば

$$\frac{60 \times 60 - 30 \times 30}{60 \times 60} = \frac{27}{36} = \frac{3}{4}$$

になりますね．20 分ぐらいは待ちましょう．

三角形のできる確率　同じように面積を使って確率を計算する問題です．

> 長さ 1m の針金があります．適当な 2 点で折り曲げ，両端を合わせようとしたとき，両端を合わせることができ，針金から三角形ができる確率を求めよ．

折り曲げる 2 点を $0 \leq x \leq y \leq 100$ としましょう．一辺 100 の正方形を書くと，その対角線 $y = x$ より上の部分です．どんなときに三角形ができるでしょうか？　そのためにはできない場合を考えてみましょう．できないときは明らかにある 1 辺の長さが 50 以上になることです．1 辺の長さが 50 だと残りの 2 辺の長さの和も 50 ですので，両端はくっつけられるものの，三角形は潰

れてしまいます．したがって，三角形ができる条件は，各辺の長さが 50 より小さいときであることが分かります．

$$0 < x < 50,\ 0 < y - x < 50,\ 0 < 100 - y < 50$$

となります．図の黒い部分です．境界の部分は面積に影響しないので，気にする必要はありません．面積を比較すると三角形ができる確率が $\frac{1}{4}$ であることが分かります．

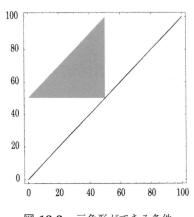

図 **12.2**　三角形ができる条件

ビュッホンの針投げ

平面上に $2a$ の間隔で平行線が無数に引かれています．この平面に長さ $2a$ の針を投げます．このとき，針が平行線と交わる確率を求めなさい．

やはり連続量に対する確率の計算問題で，面積の計算に帰着させます．針を平面に落としたときの状況を考えましょう．

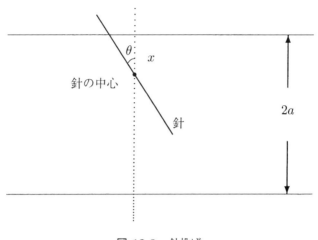

図 12.3 針投げ

図のように針の中点から平行線までの距離を x とします．このとき近い方の平行線を選ぶことにすれば

$$0 \leq x \leq \frac{2a}{2} = a$$

となります．中点から平行線への垂線 (図の点線) と針のなす書くを θ とします．θ は鋭角にとることにしましょう．

$$0 \leq \theta \leq \frac{\pi}{2}$$

です．ここで針が平行線と交わる条件を求めてみましょう．中点

から平行線への垂線へ針を射影してみれば

$$a\cos\theta > x$$

のとき交わることが分かります. 横軸を θ, 縦軸を x にとれば図のようになります.

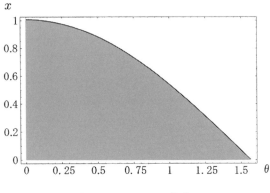

図 **12.4** $a=1$ の場合

したがって面積を比較すれば求める確率は

$$\frac{\int_0^{\pi/2} a\cos\theta d\theta}{a \times \dfrac{\pi}{2}} = \frac{2}{\pi}\Big[\sin\theta\Big]_0^{\pi/2} = \frac{2}{\pi}$$

となります.

12.2 円周率とモンテカルロ法

ビュッホンの針投げでは針が平行線と交わる確率が $\dfrac{2}{\pi}$ でした．実際に何百，何千，何万と投げて交わる場合を数えてみましょう．投げた回数を N，交わった回数を M とすれば

$$\frac{M}{N} \to \frac{2}{\pi} \quad (N \to \infty)$$

となるはずです．したがって

$$\frac{2N}{M} \to \pi \quad (N \to \infty)$$

です．すなわち，針をいっぱい投げて交わった回数を数えていけば，その値から π の値が計算できます．

次のような豆まきでも円周率を計算できます．

一辺の長さ 1m の正方形を描き，その中に 4 分円を描きます．正方形の枠に入るように豆を投げたとき，4 分円に入る確率を求めなさい．

もう分かりますね．答えは

$$\frac{\pi \times 1^2 \times \dfrac{1}{4}}{1 \times 1} = \frac{\pi}{4}$$

です．したがって豆を投げた回数を N，4 分円に入った回数を M とすれば

$$\frac{4N}{N} \to \pi \quad (N \to \infty)$$

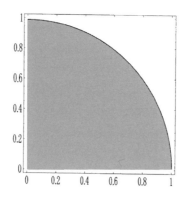

図 12.5 4 分円への豆まき

となります.

実際に針や豆を投げてもいいのですが，今はコンピュータの時代です．投げることはコンピュータに任せましょう．乱数を発生させます．たとえば rand( ) で 1 つの 0 以上 1 以下の乱数が得られるとき

$$x = \text{rand}(\ )$$
$$y = \text{rand}(\ )$$

とすれは，豆を 1 回投げて，座標 (x,y) の点に落ちたことになります．このとき $x^2 + y^2 \leq 1$ であれば，4 分円の中に落ちたことになります．繰り返して乱数を発生させれば，あっというまに何百，何千と投げたことと同じことになります．

モンテカルロは暗号名　　乱数を用いてシミュレーションを何度も行なえば，直接計算では求められない面積や方程

式の近似解を求めることができます．このような方法を**モンテカルロ法**あるいは**ランダム法**とよびます．当然，高い精度を得ようとすれば，計算回数は膨大になります．モンテカルロ法の名前の由来は第二次大戦までさかのぼります．1945 年頃フォン・ノイマンらはロスアラモス国立研究所で中性子の経路を研究していました．そのとき乱数を用いた計算手法を考案しました．その暗号名が「モンテカルロ」です．カジノで有名なモナコの首都モンテ・カルロから取ったと言われています．なぜ，このような暗号名を使ったのでしょうか？　同僚の数学者の叔父さんがモンテ・カルロのカジノに借金があったからだそうです．

第13章

ドント方式って何？

　比例代表選挙のときに登場するドント方式について調べてみましょう．得票数に応じて各政党に議席数を割り振るときの計算方法です．ベルギーの法学者ビクトル・ドントが考案した方法です．でもいつも思いませんか？　単純に得票数に応じて議席数を比例配分すればいいじゃないかって．

13.1　投票形式

　議席数の配分の前に，投票形式を勉強しておきましょう．基本的には

(1) 各政党は立候補者の名簿を作る．
(2) 有権者は投票する．
(3) 得票に応じて各政党へ議席数が配分される．
(4) 名簿から配分された議席数の当選者が選ばれる．

となります．(3) の方法の1つがドント方式です．(1), (2), (4) に関しては大きく分けて「非拘束名簿」,「単純拘束名簿」,「厳正

拘束名簿」の 3 種類があります．特徴をまとめると次の表のようになります．

名簿の方式	(1) 名簿順位の有無	(3) 誰に投票するか	(4) 当選者の決定方法
非拘束	無	政党か立候補者	立候補者の得票数順に当選
単純拘束	有	立候補者	ある一定数を得票すれば名簿順位に関係なく当選
厳正拘束	有	政党	名簿順に当選

単純拘束名簿の "ある一定数を得票すれば…" の条件を厳しくすれば名簿の順位になりますから，厳正拘束名簿と同じになります．逆に弱くすれば，非拘束名簿と同じになります．

13.2 議席の配分方法

さて投票により各政党が得た得票数が決まります．これをもとに定数の議席を配分するのですが，いくつかの方法があります．そのひとつがドント方式なのです．

ヘア・ニーマイヤ方式　　ドイツやスイスで使われています．

(1) 総得票数を議席数で割って基数とする．

$$総得票数 \div 議席数 = 基数$$

(2) 各政党の得票数を基数で割り，整数分を配分する．

$$政党の得票数 = n \times 基数 + r$$

政党は n 議席を得る．
(3) 余りの大きさによって残りの議席を分配する．

議席数 8 の選挙区で A，B，C，D 党が争い，A 党 1000 票，B 党 700 票，C 党 600 票，D 党 300 票を得たとします．このとき基数は

$$(1000 + 700 + 600 + 300) \div 8 = 325$$

となります．

$$1000 = 3 \times 325 + 25$$
$$700 = 2 \times 325 + 50$$
$$600 = 1 \times 325 + 275$$
$$300 = 0 \times 325 + 300$$

ですから，議席の配分は表のようになります．

政党名	A	B	C	D
得票数	1000	700	600	300
÷ 基数の商	3	2	1	0
余り	25	50	275	300
余議席の配分			1	1
議席数	3	2	2	1

ドント方式 日本で使われている方法です．これは得票数を 1，2，3，… で割り，その大きさ順に議席を配分する方法です．

前と同じ例で説明しましょう．右肩の数字が 8 議席の決まる順番です．

政党名	A	B	C	D
得票数 ($\div 1$)	$1000^{(1)}$	$700^{(2)}$	$600^{(3)}$	$300^{(8)}$
$\div 2$	$500^{(4)}$	$350^{(5)}$	$300^{(7)}$	150
$\div 3$	$333^{(6)}$	233	200	
$\div 4$	250			
議席数	3	2	2	1

議席順の 7 番目と 8 番目が同数です．8 議席だったからよかったですが，7 議席だったら問題ですよね．抽選で決めるのでしょうか？

サン・ラグ方式 ドント方式の 1, 2, 3, $\cdots$ で割るところを奇数の 1, 3, 5, $\cdots$ に換えた方式です．

政党名	A	B	C	D
得票数 ($\div 1$)	$1000^{(1)}$	$700^{(2)}$	$600^{(3)}$	$300^{(5)}$
$\div 3$	$333^{(4)}$	$233^{(6)}$	$200^{(8)}$	100
$\div 5$	$200^{(7)}$	140	120	
$\div 7$	143			
議席数	3	2	2	1

結果は同じですが，D 党の 1 議席の順位が上がっています．サン・ラグ方式はドント式と比べると小政党が議席を獲得しやすく

なっています.とくに最初の 1 議席が得やすくなっています.そこでその部分を修正するために最初の 1 で割るところを 1.4 で割る方法が**修正サン・ラグ方式**です.逆に 1, 2, 3, … より小さな数で割れば大政党が議席を獲得しやすくなります.累乗根で割るのが**ハンチントン方式**です.

先の例ではどの方式も同じ議席数の配分でした.別の例をみてみましょう.前と同じ議席で投票総数は 2600 です.したがって基数は 325 です.A 党が 1200 票,B 党が 1100 票,C 党が 200 票,D 党が 100 票獲得したとしましょう.

政党名	A	B	C	D
得票数	1200	1100	200	100
÷ 基数の商	3	3	0	0
余り	225	125	200	100
余議席の配分	1		1	
議席数	4	3	1	0

政党名	A	B	C	D
得票数 (÷1)	$1200^{(1)}$	$1100^{(2)}$	200	100
÷2	$600^{(3)}$	$550^{(4)}$	100	
÷3	$400^{(5)}$	$367^{(6)}$		
÷4	$300^{(7)}$	$275^{(8)}$		
÷5	240	220		
議席数	4	4	0	0

政党名	A	B	C	D
得票数 (÷1)	$1200^{(1)}$	$1100^{(2)}$	$200^{(7)}$	100
÷3	$400^{(3)}$	$367^{(4)}$	67	
÷5	$240^{(5)}$	$220^{(6)}$		
÷7	$171^{(8)}$	157		
議席数	4	3	1	0

この結果をみるとどうもドント方式は大政党に有利なようです．

13.3 比例配分とドント方式

サン・ラグ方式はドント方式と類似ですから，議席配分の基本はヘア・ニーマイヤ方式とドント方式ということになります．この2つの考え方の違いはどこにあるのでしょうか？　もっとも単純な方法は比例配分ですよね．

$$議席数 \times \frac{得票数}{総得票数}$$

が一番スッキリしています．たとえば最初の例だと

$$A 党: 8 \times \frac{1000}{2600} = 3.07\cdots$$

$$B 党: 8 \times \frac{700}{2600} = 2.15$$

$$C 党: 8 \times \frac{600}{2600} = 1.84\cdots$$

$$D 党: 8 \times \frac{300}{2600} = 0.92\cdots$$

小数が出てきてちょっと困りますね．四捨五入して議席数を

$$\text{A 党 3, B 党 2, C 党 2, D 党 1}$$

とする．これで良いじゃないですか．ただし四捨五入はちょっとまずいです．五入が多いと議席数を越えてしまうことが起こります．そこで"小数点以下の大きな順にあまった議席を配分する"これならば問題ありません．

$$議席数 \times \frac{得票数}{総得票数} = N + R, \quad N \text{ は自然数}, 0 \leq R < 1$$

として，N 議席を配分し残りの議席は R の順に配分する．簡単でスッキリです．

じつはこれがヘア・ニーマイヤ方式です．どうしてかっていうと

$$議席数 \times \frac{得票数}{総得票数} = \frac{得票数}{\frac{総得票数}{議席数}} = \frac{得票数}{基数}$$
$$= n + \frac{r}{基数}$$

ですから

$$N = n, \quad R \text{ の順位は } r \text{ の順位と同じ}$$

となります．したがってヘア・ニーマイヤ方式と同じ結果になります．つまりヘア・ニーマイヤ方式はごく自然な比例配分の発想だったわけです．

それに対してドント方式は

$$議席の重み (票数) を考えた方式$$

ということができます．最初の例で考えましょう．もし1議席しかなかったら，絶対にA党です．2議席ではどうでしょうか？A党が2議席取ると1議席の重みは500です．でもB党は700ですから，1議席はB党が取るべきです．3議席では同じ理由でC党が1議席取るべきです．4議席のときも議席の重みを最大にするにはA党が2議席，B，C党が1議席となります．このように1議席あたりの票数を最大になるように決めていくのがドント式です．

骨董屋の自慢　ドント方式を理解するのに骨董屋のオヤジになりましょう．8個の壺を持っています．ちょっとお金が必要となり売却することにしました．お得意さんのA, B, C, Dさんに買ってもらうつもりです．とてもいい壺なのでみなさん有り金を叩いていくつでも買ってくれます．できれば全部欲しいと思っています．Aさんは1000万，Bさんは700万，Cさんは600万，Dさんは300万もっています．みなさん買ってくれるので2600万は手に入るのですが，同業者に自慢したい．"あの壺は最低でもいくらでうれたよ，ハハハ"要するに1壺あたりの最低価格を高く売りたいのです．… これってドント式です．

ヘア・ニーマイヤ方式は比例配分，ドント式は1議席あたりの票数を多くする配分であることが分かりました．上の骨董屋の例からもドント式はお金持ちに有利，いや大政党に有利かな．

第 14 章

ゲームの理論

 いよいよ最終章です．ここでは第 1 章で紹介した「ゲームの理論」におけるナッシュ均衡を解説しましょう．ゲームといってもお遊びのゲームとはちょっと違います．企業戦略と思ってください．2 人のプレーヤー (企業) がいます．このときお互いに大きな利得が得られるように戦略を立てますが，どのような状況でお互いの戦略が決定されるのでしょうか？

14.1 支配戦略

次の状況を思い浮かべてください．

売り上げ　　A, B の 2 社が同じタイプのデジカメを販売しています．今年度の販売戦略を練るにあたり，市場調査をしました．その結果，次のことが分かりました．① 両社とも現在の製品価格を維持した場合は，それぞれ 4 億の利益が期待できます．② もし 1 社だけが値下げした場

合，その会社の製品は人気がでるでしょうから，6億の利益を上げられます．反対に価格を維持した会社は売り上げが減少し，1億の利益しか得られません．③ 2社とも値下げした場合，それによるイメージの悪化と売り上げの減少により，それぞれ3億円の利益に抑えられてしまいます．あなたがA社の立場になったとき，価格を維持しますが，それとも値下げしますか？

A, B社とも2つの戦略－維持か値下げ－を決めなければなりません．市場調査の結果①～③は次の表のようにまとめることができます．

A \ B	維持	値下げ
維持	(4,4)	(1,6)
値下げ	(6,1)	(3,3)

ここで，たとえばA維持，B値下げの欄にある (1,6) は，Aにとって1億の利益，Bにとっては6億の利益を意味します．このような表を**利得表**とよびます．

さてA社の立場になってみてください．B社が維持の戦略をとったとき，Aの利益は維持4, 値下げ6です．したがってこの場合，値下げがよい戦略となります．B社が値下げの戦略をとったとき，Aの利益は維持1, 値下げ3となります．やはり値下げがよい戦略となります．いずれの場合もA社は値下げ戦略を取った方が良いことになります．このようなとき値下げ戦略は維持戦略を**支配**しているといいます．つまり相手のどのような戦略に対

してもいつも優位な戦略のことです．同様に B 社も値下げ戦略が維持戦略を支配しています．以上のことから，この例では A，B 社とも値下げ戦略をとることになります．でも利益は $(3,3)$ です．うまくすれば 6 憶の利益を上げることができたのですから，ちょっと寂しいですね．

それぞれに支配戦略があれば，その組が戦略として選ばれる．

囚人のジレンマ　窃盗罪で容疑者 A，B を逮捕しました．でも警察は強盗殺人を疑っています．何とか自白させたい．2 人を別々の取調室によび，刑事は次の提案をしました．① 2 人とも黙秘すれば窃盗罪で 2 年の懲役，② 2 人とも自白すれば強盗殺人で 10 年の懲役，③ 一方が自白し他方が黙秘した場合，自白したものには共犯証言を認め司法取引により懲役 1 年に減刑，黙秘したものには懲役 15 年とする．このことを表にまとめると次のようになります．前と同様に考えれば 2 人とも自白します．

A \ B	黙秘	自白
黙秘	(2,2)	(15,1)
自白	(1,15)	(10,10)

14.2　ナッシュ均衡

次の問題を考えてみてください．

規格統一　　新しい記憶媒体をA, B, Cの3社が開発しました．A社の方式aとB社の方式bは比較的互換性があります．一方最大大手のC社は独自の方式cを採用しています．そこでA, B2社は両者の規格を統一し，C社に対抗することにしました．このとき① A社の方式aで統一すれば，A社は10億，B社は7億の利益を得る．② B社の方式bで統一すれば，A社は7億，B社は10億の利益を得る．③ 規格の統一の話が不調に終わった場合，C社の独占市場となりA, B社の利益はそれぞれ1億しか得られない．

前と同様に表を作ってみましょう．

A＼B	a 方式	b 方式
a 方式	(10,7)	(1,1)
b 方式	(1,1)	(7,10)

となります．A社の立場になってみましょう．B社がa方式を採用したとき，A社もa方式が採用します．でもB社がb方式を採用したとき，A社もb方式を採用するでしょう．あれ，さっきはBがどちらに転んでもAの選択は1つでした．この場合は支配する戦略がありません．Bの出方でAの対応も変わってしまいます．このようなとき，どのような戦略の選択がなされるでしょうか？　当然，A, B社ともa方式かb方式で規格統一をすることは確かですね．ナッシュはこれを次のように解釈しました．相手のとるある戦略のもとで自らの利得を最大にする戦略を**最適反**

応戦略とよびます．そしてお互いのとる戦略がそれぞれ最適反応戦略であるとき，その戦略の組を**ナッシュ均衡**をよびます．例では，Bがa方式を採用したとき，Aの最適反応戦略はa方式です．これは立場を逆にして，Aがa方式を採用したとき，Bの最適反応戦略です．したがって，(a方式，a方式)の組はナッシュ均衡です．同様に(b方式，b方式)の組もナッシュ均衡です．

このナッシュ均衡の考え方が，経済，社会，政治などの社会科学の諸分野で広く用いられています．もちろん自然科学も例外ではありません．ところでそれぞれに支配戦略があった場合，その組はただ1つのナッシュ均衡であることが分かります．でも支配戦略の組がないとき，ナッシュ均衡は複数個存在することになります．上の例でも (a方式，a方式) と (b方式，b方式) の2つがナッシュ均衡でした．ではどちらが選らばれるのでしょうか？今までの話はお互いに話し合わないゲーム —— **非協力ゲーム** —— でした．したがってA社が(a方式，a方式)をナッシュ均衡と考えa方式を採用し，B社が(b方式，b方式)をナッシュ均衡としてb方式を採用した場合，ナッシュ均衡は崩れてしまいます．ナッシュ均衡が現実にどのように実現されるかは，じつは難しい問題で，いろいろな研究がなされています．

14.3 混合戦略

次の利得表を考えてみてください．A，B社の戦略をX，Yとしています．

A\B	X	Y
X	(8,5)	(3,6)
Y	(6,4)	(7,3)

それぞれに支配戦略はありません．最適反応戦略を調べるとナッシュ均衡もないことが分かります．このようなときは混合戦略を考えます．A，B 社とも戦略 X，Y をミックスして行動します．たとえば A 社が戦略 X を 30%，戦略 Y を 70% 使い，一方 B 社は戦略 X を 50%，戦略 Y を 50% 使うといった具合です．一般化すると A 社は戦略 X を確率 p で，戦略 Y を確率 $1-p$ で使い，一方 B 社は戦略 X を確率 q で，戦略 Y を確率 $1-q$ で使うと設定します．このことを A 社は確率 $\mathbf{p} = (p, 1-p)$ で，B 社は確率 $\mathbf{q} = (q, 1-q)$ で**混合戦略**をとると表現します．このとき各戦略の使われる確率は

A\B	X	Y
X	pq	$p(1-q)$
Y	$(1-p)q$	$(1-p)(1-q)$

です．このような混合戦略のもとで最適反応戦略を考えてみましょう．A 社の期待される利得 (利得の期待値) は

$$8 \times pq + 3 \times p(1-q) + 6 \times (1-p)q + 7 \times (1-p)(1-q)$$
$$= 6pq - 4p - q + 7$$

B 社の期待される利得 (利得の期待値) は

$$5 \times pq + 6 \times p(1-q) + 4 \times (1-p)q + 3 \times (1-p)(1-q)$$
$$= -2pq + 3p + q + 3$$

となります.さて B 社が確率 **q** で混合戦略をたてたときの A 社の最適反応戦略を調べて見ましょう.**q** $= (q, 1-q)$ を固定した上で,A 社の利得の期待値を最大にすることが最適反応です.したがって

$$6pq - 4p - q + 7 = (6q - 4)p - q + 7$$

を最大にすることですから

$$p = \begin{cases} 1 & 6q - 4 > 0 \\ 任意 & 6q - 4 = 0 \\ 0 & 6q - 4 < 0 \end{cases}$$

となります.同様に A 社が確率 **p** で混合戦略をたてたときの B 社の最適反応戦略を調べて見ましょう.

$$-2pq + 3p + q + 3 = (-2p + 1)q + 3p + 3$$

を最大にすることですから

$$q = \begin{cases} 1 & -2p + 1 > 0 \\ 任意 & -2p + 1 = 0 \\ 0 & -2p + 1 < 0 \end{cases}$$

となります.この関係は次のように図示できます.グラフの線の上がそれぞれの最適反応戦略です.

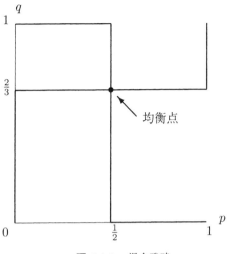

図 14.1 混合戦略

A, B 2 社の両方にとって最適反応戦略となるところは 2 本の線の交差する所ですから

$$p = \frac{1}{2},\ q = \frac{2}{3}$$

のときです.以上のことから A 社は確率 $\mathbf{p} = \left(\dfrac{1}{2}, \dfrac{1}{2}\right)$ で,B 社は確率 $\mathbf{q} = \left(\dfrac{2}{3}, \dfrac{1}{3}\right)$ で混合戦略をとると,両社の最適反応戦略が実現します.これを混合戦略を考えたときのナッシュ均衡とよびます.このとき次のことが知られています.

定理 混合戦略を考えた場合,必ずナッシュ均衡が存在する.

付録

もっと勉強しよう

A.1 ニーチェとカオス

ドイツの哲学者ニーチェ(1844-1900)はカオス(混沌)という言葉をよく使いました．もちろん単なる混乱状態や無秩序を表わす言葉ではなく，哲学的な意味を持っています．到底，私には解釈を付けることはできませんが，自己の存在や身体性に関わるカオスのようです．後のハイデガー(1889-1976)もニーチェのカオスの意味を分析し，独自の解釈を与えています．ニーチェの『ツァラトストラかく語りき』(竹山道雄訳)の序説の五に

> 「われあえて言う．——人間は自己のうちに混沌を蔵していなくてはならぬ．しかして，その中より舞う星を生み出しえなくてはならぬ．われあえて言う．——今にして，なんじらは混沌を蔵している．」

となります．そして訳注に混沌＝「発展の可能性に充ち，非合理な力によって生々としている，いまだ形成さлежる素質」，舞

う星＝「輝かしい躍動する理想」とあります．何だかとても難しいですね．数学よりも．要するに我々は決定論的な世界にいるのだけども，化ける可能性を秘めているのだぞ，といった意味でしょうか？　その続きが悲しいです．

「かなしいかな！　やがて，人間がいかなる星をも生み出さざる時が来たるであろう．かなしいかな！　もはや，自らをも軽蔑しえざる，最も軽蔑すべき人間の時が来たるであろう．」

ニーチェのカオスはちょっと難しいですが，「切れる子供」や「学級崩壊」といった社会現象もカオス的ですね．

A.2　素数を生み出す式

一変数の素数生成式はありませんが，たとえば Riesel (1994) の結果として次の事実が知られています．

定理　$k+2$ が素数となる必要十分条件は，次のディオファントス方程式が自然数解を持つことである．

$$wz + h + j - q = 0$$
$$(gk + 2g + k + 1)(h + j) + h - z = 0$$
$$16(k+1)^3(k+2)(n+1)^2 + 1 - f^2 = 0$$
$$2n + p + q + z - e = 0$$
$$e^3(e+2)(a+1)^2 + 1 - o^2 = 0$$
$$(a^2 - 1)y^2 + 1 - x^2 = 0$$

$$16r^2y^4(a^2-1)+1-u^2=0$$
$$n+l+v-y=0$$
$$(a^2-1)l^2+1-m^2=0$$
$$ai+k+1-l-i=0$$
$$((a+u^2(u^2-a))^2-1)(n+4dy)^2+1-(x+cu)^2=0$$
$$p+l(a-n-1)+b(2an+2a-n^2-2n-2)-m=0$$
$$q+y(a-p-1)+s(2ap+2p-p^2-2p-2)-x=0$$
$$z+pl(a-p)+t(2ap-p^2-1)-pm=0$$

ディオファントス方程式　　未知数が 2 つ以上ある整数係数の方程式で，変数を整数に限定したものをいいます．3 世紀のギリシャの数学者ディオファントスにちなんでディオファントス方程式とか**不定方程式**といいます．

A.3　メルセンヌ素数と完全数

メルセンヌ素数に関するユークリッドとオイラーの定理を証明しましょう．最初に約数の和 $\sigma(n)$ を表す式を与えましょう．n の素因数分解が

$$n = p_1^{l_1} p_2^{l_2} \cdots p_m^{l_m}$$

のとき，n の約数は必ず

$$p_1^{s_1} p_2^{s_2} \cdots p_m^{s_m}$$

$$0 \leq s_1 \leq l_1,\ 0 \leq s_2 \leq l_2,\ \cdots,\ 0 \leq s_m \leq l_m$$

と書けます.よって約数の和 $\sigma(n)$ は

$$\sigma(n) = (1 + p_1 + p_1^2 + \cdots + p_1^{l_1})(1 + p_2 + p_2^2 + \cdots + p_2^{l_2})$$
$$\times \cdots \times (1 + p_m + p_m^2 + \cdots + p_m^{l_m})$$

となります.このことから次の 2 つの命題は容易に得られます.

命題 $\sigma(2^n) = 2^{n+1} - 1$

命題 $n = ab$ で $(a,b) = 1$ ならば,$\sigma(n) = \sigma(a)\sigma(b)$.

定理 M がメルセンヌ素数であれば,$\dfrac{M(M+1)}{2}$ は完全数である.

証明 M は素数で,$M = 2^n - 1$ と書けます.よって

$$\frac{M(M+1)}{2} = 2^{n-1}(2^n - 1)$$

ところで $2^n - 1$ は奇数の素数ですから,$\sigma(2^n - 1) = 1 + (2^n - 1) = 2^n$,$(2^{n-1}, 2^n - 1) = 1$ です.したがって 2 つの命題を用いて

$$\sigma\Bigl(\frac{M(M+1)}{2}\Bigr) = \sigma(2^{n-1})\sigma(2^n - 1)$$
$$= (2^n - 1)2^n = M(M+1)$$

となります.よって

$$\sigma\Bigl(\frac{M(M+1)}{2}\Bigr) - \frac{M(M+1)}{2} = \frac{M(M+1)}{2}$$

ですから求める結果が示されました．

定理 N が偶数の完全数であれば，あるメルセンヌ素数 M があって $N = \dfrac{M(M+1)}{2}$ となる．

証明 N は偶数ですから

$$N = 2^l m,\ l \geq 1,\ (2, m) = 1$$

と書くことができます．よって 2 つの命題より

$$\sigma(N) = \sigma(2^l)\sigma(m) = (2^{l+1} - 1)\sigma(m)$$

となります．一方，N は完全数ですから，$\sigma(N) - N = N$，すなわち

$$\sigma(N) = 2N = 2^{l+1}m = (2^{l+1} - 1)m + m$$

となります．この 2 つの式を比較して

$$\sigma(m) = m + \dfrac{m}{2^{l+1} - 1}$$

と得ます．ところで左辺はすべての約数の和を意味します．よって右辺の分数は整数でなくてはなりません．すなわち $2^{l+1} - 1$ は m の約数です．右辺が m のすべての約数の和になることに注意して

$$m = 2^{l+1} - 1$$

でなくはなりません．また m の約数が $1, m$ ですから m は素数です．以上のことから m はメルセンヌ素数で

$$N = 2^l m = \frac{(m+1)m}{2}$$

となり求める結果が得られました．

A.4 リーマン予想と素数定理

素数と密接に関連した関数にリーマンの ζ (ゼータ) 関数とよばれるものがあります．$x > 1$ のとき

$$\begin{aligned}\zeta(x) &= \frac{1}{1^x} + \frac{1}{2^x} + \frac{1}{3^x} + \cdots \\ &= \sum_{n=1}^{\infty} \frac{1}{n^x}\end{aligned}$$

と定義されます．自然数の素因数分解に注意すると

$$\zeta(x) = \prod_p \left(1 - \frac{1}{p^x}\right)^{-1}$$

と書くこともできます．ただし無限積はすべての素数 p に対してとります．この等式の証明はみなさんでもできますよ．ところで**リーマン予想**は，この $\zeta(x)$ の定義域 $x > 1$ を解析接続という手法で複素数全体に広げたとき，$\zeta(x) = 0$ となる x に関する予想です．$x = -2, -4, -6, \cdots$ では零になるのですが (自明な零点)，その他の零になるところは実部が $\dfrac{1}{2}$ の直線上にあるというのがリーマン予想です．2016 年 8 月現在まだ解かれていません．

1901 年にヘルゲ・フォン・コッホは $\pi(x)$ と $\mathrm{Li}(x)$ (2.7 節) の誤差評価が

$$\pi(x) - \mathrm{Li}(x) = O(\sqrt{x} \log x)$$

であることと，リーマン予想が成立することが同値であることを証明します．ここで最後の O はランダウ記号とよばれるもので，x が大きいとき，O の中身で左辺が押さえられることを意味します．すなわちある x_0 と $c > 0$ が存在して，$x \geq x_0$ に対して

$$|\pi(x) - \text{Li}(x)| \leq c\sqrt{x}\log x$$

となることです．素数の話とリーマン予想が繋がりました．

A.5　フィボナッチ数列と黄金比

$\{a_n\}$ をフィボナッチ数列としたとき，その項比

$$b_n = \frac{a_{n+1}}{a_n}$$

は n を大きくしたとき黄金比に近づきました．

$$\lim_{n \to \infty} \frac{a_{n+1}}{a_n} = \frac{1 + \sqrt{5}}{2} = 1.618033\cdots$$

でした．第 5 章の証明はちょっと不完全でしたので，きちんと証明しましょう．

以下では

$$\alpha = \frac{1 + \sqrt{5}}{2}$$

とします．$\alpha^2 - \alpha - 1 = 0$ ですから

$$\alpha = 1 + \frac{1}{\alpha}$$

です．よって

$$b_{n+1} - \alpha = \left(1 + \frac{1}{b_n}\right) - \left(1 + \frac{1}{\alpha}\right) = \frac{1}{b_n} - \frac{1}{\alpha} = \frac{\alpha - b_n}{b_n \alpha}$$

です．ここで $n \geq 3$ としましょう．$n \to \infty$ ですから問題ありません．このとき $b_n \alpha \geq b_3 \alpha = 2\alpha$ に注意すれば

$$|b_{n+1} - \alpha| \leq \left(\frac{1}{2\alpha}\right)|b_n - \alpha|$$

となります．この関係式を順次 n を下げて適応すれば

$$\begin{aligned}|b_{n+1} - \alpha| &\leq \left(\frac{1}{2\alpha}\right)|b_n - \alpha| \\ &\leq \left(\frac{1}{2\alpha}\right)^2 |b_{n-1} - \alpha| \\ &\cdots \quad \cdots \quad \cdots \\ &\leq \left(\frac{1}{2\alpha}\right)^{n-2} |b_3 - \alpha|\end{aligned}$$

となります．ところで，$2\alpha = 1 + \sqrt{5} > 1$ ですから，その逆数 $\dfrac{1}{2\alpha}$ は 1 より小さな数です．よって $n \to \infty$ のとき，右辺の n 乗の項は 0 に収束します．よって

$$\lim_{n \to \infty} b_n = \alpha$$

となり，数列 b_n が極限を持つこと，あわせてその極限が α であることも分かりました．

A.6 いろいろな螺旋

図 4.10 のように 4 分円をつないでできる螺旋は対数螺旋とよばれる螺旋を近似しています．対数螺旋は極座標を用いて

$$r = ae^{b\theta}$$

の形で表されます．とくに $a=1, b=\dfrac{2}{\pi}\log\dfrac{1+\sqrt{5}}{2}$ とすると図 4.10 で近似される対数螺旋になります．他にも $r = a\theta$ で描けるような螺旋は，アルキメデス螺旋とよばれています．蚊取り線香の渦巻きですね．

A.7 ベイズの定理

$p=2$ のときの式を証明しましょう．条件付確率の定義より

$$P(A|C) = \frac{P(A\cap C)}{P(C)}$$

$$P(C|A) = \frac{P(A\cap C)}{P(A)},\ P(C|B) = \frac{P(B\cap C)}{P(B)}$$

となります．よって最初の式の分子を置き換えて

$$P(A|C) = \frac{P(\mathrm{A})P(C|A)}{P(C)}$$

となります．A と B が互いに排反であり，$P(A)+P(B)=1$ であると

$$C = (C\cap A)\cup(C\cap B)$$

ですから

$$P(C) = P(C \cap A) + P(C \cap B)$$
$$= P(A)P(C|A) + P(B)P(C|B)$$

となります．よって分母を置き換えて

$$P(A|C) = \frac{P(A)P(C|A)}{P(A)P(C|A) + P(B)P(C|B)}$$

が得られました．

A.8 残されたビール暗号書

3つあるビール暗号書の内，2番目はアメリカの独立宣言をもとに解読されました．残りの暗号書は次の2つです．

THE LOCALITY OF THE VAULT

71, 194, 38, 1701, 89, 76, 11, 83, 1629, 48, 94, 63, 132, 16, 111, 95, 84, 341,

975, 14, 40, 64, 27, 81, 139, 213, 63, 90, 1120, 8, 15, 3, 126, 2018, 40, 74,

758, 485, 604, 230, 436, 664, 582, 150, 251, 284, 308, 231, 124, 211, 486,

225, 401, 370, 11, 101, 305, 139, 189, 17, 33, 88, 208, 193, 145, 1, 94, 73,

416, 918, 263, 28, 500, 538, 356, 117, 136, 219, 27, 176, 130, 10, 460, 25,

485, 18, 436, 65, 84, 200, 283, 118, 320, 138, 36, 416, 280, 15, 71, 224, 961,

44, 16, 401, 39, 88, 61, 304, 12, 21, 24, 283, 134, 92, 63, 246, 486, 682, 7,

219, 184, 360, 780, 18, 64, 463, 474, 131, 160, 79, 73, 440, 95, 18, 64, 581,

34, 69, 128, 367, 460, 17, 81, 12, 103, 820, 62, 116, 97, 103, 862, 70, 60,

1317, 471, 540, 208, 121, 890, 346, 36, 150, 59, 568, 614, 13, 120, 63, 219,

812, 2160, 1780, 99, 35, 18, 21, 136, 872, 15, 28, 170, 88, 4, 30, 44, 112, 18,

147, 436, 195, 320, 37, 122, 113, 6, 140, 8, 120, 305, 42, 58, 461, 44, 106,
301, 13, 408, 680, 93, 86, 116, 530, 82, 568, 9, 102, 38, 416, 89, 71, 216, 728,
965, 818, 2, 38, 121, 195, 14, 326, 148, 234, 18, 55, 131, 234, 361, 824, 5,
81, 623, 48, 961, 19, 26, 33, 10, 1101, 365, 92, 88, 181, 275, 346, 201, 206,
86, 36, 219, 324, 829, 840, 64, 326, 19, 48, 122, 85, 216, 284, 919, 861, 326,
985, 233, 64, 68, 232, 431, 960, 50, 29, 81, 216, 321, 603, 14, 612, 81, 360,
36, 51, 62, 194, 78, 60, 200, 314, 676, 112, 4, 28, 18, 61, 136, 247, 819, 921,
1060, 464, 895, 10, 6, 66, 119, 38, 41, 49, 602, 423, 962, 302, 294, 875, 78,
14, 23, 111, 109, 62, 31, 501, 823, 216, 280, 34, 24, 150, 1000, 162, 286, 19,
21, 17, 340, 19, 242, 31, 86, 234, 140, 607, 115, 33, 191, 67, 104, 86, 52, 88,
16, 80, 121, 67, 95, 122, 216, 548, 96, 11, 201, 77, 364, 218, 65, 667, 890,
236, 154, 211, 10, 98, 34, 119, 56, 216, 119, 71, 218, 1164, 1496, 1817, 51,
39, 210, 36, 3, 19, 540, 232, 22, 141, 617, 84, 290, 80, 46, 207, 411, 150, 29,
38, 46, 172, 85, 194, 39, 261, 543, 897, 624, 18, 212, 416, 127, 931, 19, 4,
63, 96, 12, 101, 418, 16, 140, 230, 460, 538, 19, 27, 88, 612, 1431, 90, 716,
275, 74, 83, 11, 426, 89, 72, 84, 1300, 1706, 814, 221, 132, 40, 102, 34, 868,
975, 1101, 84, 16, 79, 23, 16, 81, 122, 324, 403, 912, 227, 936, 447, 55, 86,
34, 43, 212, 107, 96, 314, 264, 1065, 323, 428, 601, 203, 124, 95, 216, 814,
2906, 654, 820, 2, 301, 112, 176, 213, 71, 87, 96, 202, 35, 10, 2, 41, 17, 84,
221, 736, 820, 214, 11, 60, 760

NAMES AND RESIDENCES

317, 8, 92, 73, 112, 89, 67, 318, 28, 96,107, 41, 631, 78, 146, 397, 118, 98,
114, 246, 348, 116, 74, 88, 12, 65, 32, 14, 81, 19, 76, 121, 216, 85, 33, 66,
15, 108, 68, 77, 43, 24, 122, 96, 117, 36, 211, 301, 15, 44, 11, 46, 89, 18,

136, 68, 317, 28, 90, 82, 304, 71, 43, 221, 198, 176, 310, 319, 81, 99, 264,
380, 56, 37, 319, 2, 44, 53, 28, 44, 75, 98, 102, 37, 85, 107, 117, 64, 88, 136,
48, 151, 99, 175, 89, 315, 326, 78, 96, 214, 218, 311, 43, 89, 51, 90, 75, 128,
96, 33, 28, 103, 84, 65, 26, 41, 246, 84, 270, 98, 116, 32, 59, 74, 66, 69, 240,
15, 8, 121, 20, 77, 89, 31, 11, 106, 81, 191, 224, 328, 18, 75, 52, 82, 117,
201, 39, 23, 217, 27, 21, 84, 35, 54, 109, 128, 49, 77, 88, 1, 81, 217, 64, 55,
83, 116, 251, 269, 311, 96, 54, 32, 120, 18, 132, 102, 219, 211, 84, 150, 219,
275, 312, 64, 10, 106, 87, 75, 47, 21, 29, 37, 81, 44, 18, 126, 115, 132, 160,
181, 203, 76, 81, 299, 314, 337, 351, 96, 11, 28, 97, 318, 238, 106, 24, 93,
3, 19, 17, 26, 60, 73, 88, 14, 126, 138, 234, 286, 297, 321, 365, 264, 19, 22,
84, 56, 107, 98, 123, 111, 214, 136, 7, 33, 45, 40, 13, 28, 46, 42, 107, 196,
227, 344, 198, 203, 247, 116, 19, 8, 212, 230, 31, 6, 328, 65, 48, 52, 59, 41,
122, 33, 117, 11, 18, 25, 71, 36, 45, 83, 76, 89, 92, 31, 65, 70, 83, 96, 27, 33,
44, 50, 61, 24, 112, 136, 149, 176, 180, 194, 143, 171, 205, 296, 87, 12, 44,
51, 89, 98, 34, 41, 208, 173, 66, 9, 35, 16, 95, 8, 113, 175, 90, 56, 203, 19,
177, 183, 206, 157, 200, 218, 260, 291, 305, 618, 951, 320, 18, 124, 78, 65,
19, 32, 124, 48, 53, 57, 84, 96, 207, 244, 66, 82, 119, 71, 11, 86, 77, 213, 54,
82, 316, 245, 303, 86, 97, 106, 212, 18, 37, 15, 81, 89, 16, 7, 81, 39, 96, 14,
43, 216, 118, 29, 55, 109, 136, 172, 213, 64, 8, 227, 304, 611, 221, 364, 819,
375, 128, 296, 1, 18, 53, 76, 10, 15, 23, 19, 71, 84, 120, 134, 66, 73, 89, 96,
230, 48, 77, 26, 101, 127, 936, 218, 439, 178, 171, 61, 226, 313, 215, 102,
18, 167, 262, 114, 218, 66, 59, 48, 27, 19, 13, 82, 48, 162, 119, 34, 127, 139,
34, 128, 129, 74, 63, 120, 11, 54, 61, 73, 92, 180, 66, 75, 101, 124, 265, 89,
96, 126, 274, 896, 917, 434, 461, 235, 890, 312, 413, 328, 381, 96, 105, 217,
66, 118, 22, 77, 64, 42, 12, 7, 55, 24, 83, 67, 97, 109, 121, 135, 181, 203,
219, 228, 256, 21, 34, 77, 319, 374, 382, 675, 684, 717, 864, 203, 4, 18, 92,

16, 63, 82, 22, 46, 55, 69, 74, 112, 134, 186, 175, 119, 213, 416, 312, 343,
264, 119, 186, 218, 343, 417, 845, 951, 124, 209, 49, 617, 856, 924, 936, 72,
19, 28, 11, 35, 42, 40, 66, 85, 94, 112, 65, 82, 115, 119, 236, 244, 186, 172,
112, 85, 6, 56, 38, 44, 85, 72, 32, 47, 63, 96, 124, 217, 314, 319, 221, 644,
817, 821, 934, 922, 416, 975, 10, 22, 18, 46, 137, 181, 101, 39, 86, 103, 116,
138, 164, 212, 218, 296, 815, 380, 412, 460, 495, 675, 820, 952

A.9 ユークリッドの互除法

ユークリッドの互除法を証明してみましょう．

定理 $a = q \times b + r$ のとき，$(a, b) = (b, r)$ となる．

証明 $n = (a, b)$ と書きましょう．n は a, b の約数ですから $r = a - q \times b$ の約数です．よって n は b と $r = a - q \times b$ の公約数です．よって n は (b, r) の約数です．逆に $a = q \times b + r$ ですから (b, r) は a の約数です．よって (b, r) は a, b の公約数です．このとき (b, r) は $n = (a, b)$ の約数となります．以上のことから $(a, b) = (b, r)$ です．

A.10 オイラーの関数の性質

オイラーの定理を証明してみましょう．

定理 自然数 n が $(a, n) = 1$ であれば，$a^{\phi(n)} = 1 \pmod{n}$ となる．

証明 $\phi(n)$ は 1 から n までの整数で，n と互いに素となるものの個数でした．今それらを $r_1, r_2, \cdots, r_{\phi(n)}$ としましょう．こ

のそれぞれの数に a を掛けます.

$$ar_1, ar_2, \cdots, ar_{\phi(n)}$$

このとき, $ar_1, ar_2, \cdots, ar_{\phi(n)}$ は $r_1, r_2, \cdots, r_{\phi(n)}$ の並び替えになっています. 実際, $(a, n) = 1, (r_i, n) = 1$ ですから, $(ar_i, n) = 1$ が分かります. すなわち, ar_i は $r_1, r_2, \cdots, r_{\phi(n)}$ のどれかです. また, $i \neq j$ に対して, $ar_i = ar_j \pmod{n}$ であれば, $a(r_i - r_j) = 0 \pmod{n}$ となります. このとき $(n, a) = 1$ より, a の逆元が存在するので (10.3 節), $r_i = r_j$ が得られます. 以上のことから $ar_1, ar_2, \cdots, ar_{\phi(n)}$ は $r_1, r_2, \cdots, r_{\phi(n)}$ の並び替えです. よって

$$r_1 \times r_2 \times \cdots \times r_{\phi(n)} = ar_1 \times ar_2 \times \cdots \times ar_{\phi(n)}$$
$$= a^{\phi(n)} r_1 \times r_2 \times \cdots \times r_{\phi(n)}$$

となります. 各 r_i は $(r_i, n) = 1$ より逆元を持つので

$$1 = a^{\phi(n)} \pmod{n}$$

が得られました.

A.11 バーコートと新 ISBN

旧 ISBN コードはすぐれもの

2006 年 12 月以前の ISBN コードは 10 桁の数字でした. この場合のチェック機能はすぐれていて, 必ずミスを検出できました. どのようなチェック機能かというと, 例えば ISBN が

$$a_1 a_2 a_3 \cdots a_{10}$$

のとき

$$a_1 \times 10 + a_2 \times 9 + a_3 \times 8 + \cdots + a_{10} \times 1 = 0 \quad (\text{mod } 11)$$

となるように a_{10} を定めます.つまり

$$a_1 \times 10 + a_2 \times 9 + a_3 \times 8 + \cdots + a_9 \times 2 = n \quad (\text{mod } 11)$$

のとき

$$a_{10} = 11 - n$$

です.ただし,$a_{10} = 0$ のときは X とします.実際に確かめてみます.

$$4 - 535 - 78345 - 4$$

だとすると,mod 11 の世界で

$$4 \times 10 + 5 \times 9 + 3 \times 8 + 5 \times 7 + 7 \times 6 + 8 \times 5$$
$$+ 3 \times 4 + 4 \times 3 + 5 \times 2 + 4 \times 1$$
$$= 40 + 45 + 24 + 35 + 42$$
$$+ 40 + 12 + 12 + 10 + 4 \quad (\text{mod } 11)$$
$$= 7 + 1 + 2 + 2 + 9 + 7 + 1 + 1 + 10 + 4 \quad (\text{mod } 11)$$
$$= 0 \quad (\text{mod } 11)$$

となっています.このチェック機能では,例えば 8 を 3 としてしまうと

$$3 \times 5 - 8 \times 5 = (3 - 8) \times 5 = 3$$

だけずれて和が 0 になりません.並んでいる 3 と 5 の順番を間

違えても

$$5\times 8+3\times 7-(3\times 8+5\times 7)=2\times 8-2\times 7=2\times 1=2$$

となり和が 0 でなくなります．ここで 11 が素数であることから a, b が 0 でないとき，$a\times b\neq 0 \pmod{11}$ となることがポイントです．

A.12 ダ・ヴィンチ・コードはフィクション？

この本のいたるところでダ・ヴィンチ・コードが登場しました．映画も公開され，その内容の真偽をめぐって話題騒然．はたしてフィクションなのか？ それともノンフィクションなのか？ 以下の話の出典は Wikipedia です．

ダ・ヴィンチ・コードでは冒頭，シオン修道会の存在から始まります．パリの国立図書館が『機密文書』を発見し，修道会の会員が公になる．そしてその会員にはダ・ヴィンチ，ニュートン，ボッティチェルリ，ユゴー，... と驚愕の事実が明らかになり物語が始まります．ここがこの小説のポイントです．

もともとシオン修道会は 1956 年に発足した組織で，その事務局にピエール・ブランダールという人物がいました．数ヶ月で活動は終息状態になるのですが，彼はこの組織を建て直します．しかし 1960 年以降の各種の小説ではシオン修道会は秘密結社として扱われます．そして決定的なのがジェラール・ド・セードの一連のミステリー小説です．『呪われた財宝』，『カタリ派の財宝』，『テンプル騎士団の秘密』などなど，彼はテンプル騎士団，レンヌの埋蔵金，ブランシュフォールの金山，ベゾの贋金などについて大いに語ります．プッサンの絵の中央に墓石がありますが，こ

の墓石とよく似たものがレンヌ・ル・シャトーの近くにありました．そこでプッサンの絵も財宝の在り処を暗示しているのでは…確かにおもしろい．そこでテレビ作家ヘンリ・リンカーンはド・セードから資料提供を受け，自ら調査をします．そして1972年，その調査結果をBBCの歴史番組(三部作)にまとめます．さらに継続調査．このとき先のプランダールとともにパリ国立図書館に『秘密文書』とよばれる六つの羊皮紙が保存されていることを発見します．ここにはプランダール自身がフランク王朝の血を受け継いでいること，レンヌ・ル・シャトーの謎，そして秘密を保持するための殺人などが書かれていました．ミステリー小説が一気に史実として浮かび上がってきます．この経緯は1982年に『レンヌ・ル・シャトーの謎』(The Holy Blood and the Holy Grail) として出版されます．

ここで大ドンデン返し．1993年に機密文書はじつはプランダールと友人のシェリセイによる捏造であることが発覚します．彼らは捏造した羊皮紙を，匿名の提供者として1964年から数年かけて国立図書館に持ち込みます．そして自らが発見者となる．うまく考えましたね．結局，財宝を巡るミステリー小説は未だミステリーです．ダン・ブラウンはこの辺の話を上手にまとめ上げています．

参考文献

　初版の執筆にあたってはネットサーフィンをたくさんしました．初版の参考文献にはその URL を紹介したのですが，10 年も経つとサイトが無くなったり移動したりして更新が必要となりました．改めて URL を紹介します．今回も注意していただきたいのは同じ内容のページも多々あり，実際どのページにオリジナルがあるのか分からない点です．よく書けていておもしろい，みなさんにも閲覧をお勧めするホームページを基準としました．またよく知られた話や逸話に関しては省略させていただきました．各章でしばしば閲覧したのはフリー百科事典『ウィキペディア（Wikipedia）』(1) です．この本の初版である 2006 年頃の日本語版には約 27 万項目の記事が収録されていましたが，2008 年 6 月には 50 万項目に達し，2016 年 6 月に 100 万項目を超えました．基本方針に賛同する人が記事を投稿あるいは編集して作成されていく百科辞典プロジェクトです．また図 1.1，1.2 は数学ソフト「Mathematica 5.2」（現在 ver.10）で描いています．

　第 1 章： 工学院大学工学部金丸隆志氏の『カオス＆非線形力学入門』(2) がおもしろいです．文献としては『カオス入門』[1] を参考にしました．

　第 2 章： GIMPS プロジェクトのホームページは (3) です．最近の成果に関しては [2] に掲載された『不思議な数のいろいろ』

(山崎愛一著) も参考にしました．また数術や数魔術に関しては [3] がおもしろいです．

　第 3 章：折り紙に関しては岩見沢西高等学校の加藤渾一氏が数学教育実践研究会で発表された成果を参考にさせていただきました．その成果は『折り紙と数学の楽しみ』(2008 年) にまとめられています．また (4) に行くと折り紙文化の深さに出会えます．

　第 4 章：ユークリッドの原論は翻訳 [4] が出版されています．ペンタクルに関する話題は古代ペンタクル文化 (5)，レンヌ・ル・シャトーの宝 (6) から引用しています．Apple 社の iPod の大きさについては (7) に書かれていました．でも Apple 社の正式なコメントはないので真相は定かでありません．ほかにも PDA の Creative Zen Micro の縦横比が 1:1.65 で iPod よりも黄金比に近いとのことです．スマホの黄金比アプリについては (8) などで検索してみてください．

　第 5 章：花びらの枚数や葉序についての例は，いろいろなホームページに書かれている例を集めたもので，実際に私は数えていません．コルビュジエと彼のモデュロールについては，建築家の高原健一郎氏が北海道東海大学芸術工学部の空間構成論で講義されたものを参照しました．氏のホームページ (9) を見てください．コルビュジエのソファーについては "グランコンフォート"，"LC2" を検索してください．中国製もあったり値段もいろいろです．図 5.2 の写真は楽天市場のドイモイに掲載されていたものです．国立西洋美術館の写真は，美術館のホームページから引用しました．

　第 6 章：ポーカーの歴史や種類、役の確率に関しては (10) を参考にさせていただきました。また共通の友達のいる確率は電

脳会議 Vol.94『この算数問題解けますか？〜度忘れ世代に捧ぐ』(技術評論社) にある問題の値を換えました．気象用語の正確な解説は (11) を参照してください．地震発生確率と地震動超過確率の解説は地震ハザードステーション (12) が分かりやすいです．地震本部 (13) や防災科学技術研究所 (14) なども訪ねて，地震や防災に関する知識を高めてください．

　第 7 章：サイコロ餃子は実際に聞いた話です．サイコロ賭博は石川県金沢市立泉中学校の青木芳文氏のホームページ (15) の『数学の部屋』にある確率シリーズにあった問題に解答を付けました．クイズの懸賞は [5] に掲載されているものの値を換えました．7.5 節のお見合いの話は最適停止規則とよばれる問題で，[8] を参考にしました．

　第 8 章：ベイズ統計学に関心のある人は『松原望の総合案内サイト』(16) から統計分析ゼミナールへ入ってみてください．本文の問題は名古屋市立大学の青木康博氏のホームページ (17) を参考にしました．

　第 9 章：暗号の歴史に関しては三菱電機の『暗号の歴史』(18) がよくまとめられていておもしろく読めます．本文はその構成を参考に加筆させていただきました．高川敏雄氏のホームページにも暗号に関する情報がいっぱい詰まっていました．『「暗号解読」入門』(2003 年) を出版されました．ビール暗号に関しては (19) を参照してください．64 年ぶりのエニグマ暗号の解読は新聞記事にもありましたが，(20) に詳しく解説されています．図 9.2 はサイモン・シン著『暗号解読』(青木薫訳，新潮社) に掲載されています．

　第 10 章：ISBN やバーコートに関しては，久留米工業大学の

渋谷憲政氏のホームページ (21) にある『ISBN とバーコード』を参考にさせていただきました．[7] にも解説があります．フェルマーの最終定理を扱ったタンゴは You Tube で鑑賞できます．ユニークポイントの舞台は (22) を見てください．

　第 11 章：ハンドル名 Cipher さんのホームページ (23) の『暗号入門講座』は分かりやすいです．ピザの注文は Cipher さんのうどんの出前がオリジナルです．情報セキュリティの C4T (シーフォーテクノロジー) 社の会社情報『暗号入門』も大いに参考にさせていただきました．

　第 12 章：北海道千歳北陽高校教諭高倉亘氏の『幾何学的確率に関する教材について』(24) を参考にさせていただきました．

　第 13 章：日本の選挙制度に関しては総務省のホームページ (25) から調べてください．

　第 14 章：主に [6] を参考にしました．

付録 A.2 の Riesel の式は [9] にあります．この本には素数の不思議な性質がたくさん書かれています．

参考 URL

(1) http://ja.wikipedia.org/
(2) http://brain.cc.kogakuin.ac.jp/ kanamaru/Chaos/index.html
(3) http://www.mersenne.org/
(4) http://www.origami.gr.jp/
(5) http://pentacross.seesaa.net/
(6) http://www.voynich.com/rennes/

(7) http://deltaflow.com/home/golden-ratio-in-the-design-of-the-ipod/
(8) http://applion.jp/android/word/
(9) http://www.arxi.co.jp/olt/kuko/index.html
(10) http://poker-10jqka.com/
(11) http://www.jma.go.jp/jma/kishou/know/yougo_hp/kousui.html
(12) http://www.j-shis.bosai.go.jp/two-probabilities
(13) http://www.jishin.go.jp/
(14) http://www.bosai.go.jp/
(15) http://math.a.la9.jp/
(16) http://www.qmss.jp/portal/
(17) http://www.med.nagoya-cu.ac.jp/legal.dir/aoki/vf/risshi.html
(18) http://www.mitsubishielectric.co.jp/security/learn/info/misty/
(19) http://www.unmuseum.org/beal.htm
(20) http://japan.cnet.com/news/biz/20097348/
(21) http://www.cc.kurume-it.ac.jp/home/general/sibhome/
(22) http://www.uniquepoint.org/fermat2014/index.html
(23) http://gbb60166.jp/index.htm
(24) http://izumi-math.jp/W_Takakura/k_kakuritu/k_kakuritu.pdf
(25) http://www.soumu.go.jp/index.html

参考文献

[1] 『カオス入門』鈴木昱雄著 (コロナ社)
[2] 『数学セミナー』2006 年 2 月号
[3] 『数秘術―数の神秘と魅惑』ジョン キング著 (青土社)
[4] 『ユークリッドの原論』中村幸四郎他訳・解説 (共立出版)
[5] 『数理モデル：現象の数式化』近藤次郎著 (丸善)
[6] 『ゲーム理論入門』武藤滋夫著 (日経文庫)
[7] 『教養の数学 28 講』芳沢光雄 (東京図書)
[8] 『生きている数学』森口繁一他 (培風館)
[9] 『Prime Numbers and Computer Methods for Factorization』 H. Riesel 著, Progress in Mathematics Vol. 126, Birkhäuser (1994)

あとがき

　この講義録は慶應義塾大学湘南藤沢キャンパスで2006年春学期から開講している『数理と社会』という授業に用いているものです．受講者は100名〜300名です．7割は大学1年生ですが，2〜4年生も受講しています．また付属の湘南藤沢高等部の高校生も数名聴講しました．この教科書に加え，実際の映画のシーンやYou Tubeの動画などを交えて楽しく講義をしています．

　受講生の多くは「英語＋小論文」という入試形態で入学しており，いわゆる高校では文系コースに属していました．したがって，数学 I, II, A, B の知識を前提としたいのですが，現実には数学 I, A ぐらいで数学を修了し，それ以降は数学から遠ざかっている学生が大半でした．この科目の設定は，そのような学生に，もう一度数学に近づいてくださいとのメッセージを込めています．

　分数ができない大学生が話題になりましたが，この講義を始めて三回目に折り紙の話 (第3章) をしているとき，生徒の反応の悪さに気がつきました．なぜかな．分かったことは**ピタゴラスの定理を知らない学生**が3割ぐらいいることに気がつきました．中学の数学ですが，数学から遠ざかっていたせいで忘れてしまったようです．中には絶対に習っていないと主張する学生もいました．継続して数学に触れることはやはり重要ですね．

　なお『数理と社会』のテキスト作成に関しては，平成18年度慶應義塾大学福澤基金の研究助成を受けました．

索引

●アルファベット
ADFGX　　106
DES 暗号　　111
GIMPS プロジェクト　　11
ISBN　　115
RSA 暗号　　112

●ア行
アトバシュ　　97
安定　　5
エニグマ　　106
オイラー関数　　122
オイラーの定理　　124
黄金比　　38, 50

●カ行
カオス理論　　3
完全数　　16, 164
気候的出現率　　74
期待値　　77
共通鍵方式　　111, 128
組合せ　　64
経験的確率　　74
決定論　　5
公開鍵方式　　111, 128
降水確率　　73

合成数　　10
五芒星　　43
コロッサス　　110
混合戦略　　159

●サ行
最適な戦略　　82
最適反応戦略　　158
サン・ラグ方式　　149
三体問題　　3
地震確率　　75
支配戦略　　155
囚人のジレンマ　　156
修正サン・ラグ方式　　150
順列　　64
条件付確率　　89
初期条件　　5
数学的確率　　74
数術　　20
スパルタ　　98
素数　　10
素数生成式　　13, 163
素数定理　　23

●タ行
対数積分　　22

互いに素　118
チューリング賞　112
ディオファントス方程式　164
投票形式　146
ドント方式　148

●ナ行
ナッシュ均衡　158
ナバホ族　110
認証　129
ノーベル賞　1, 2

●ハ行
排反　91
背理法　11
白銀比　27
バタフライ効果　8
ハンチントン方式　150
ヒエログリフ　97
非協力ゲーム　158
ピタゴラス数　29
ピタゴラスの定理　28
微分方程式　4
微分方程式系　5
ビュッホンの針投げ　140
フィールズ賞　1, 2
フィボナッチ音楽　60
フィボナッチ数列　50
フィボナッチ人間　60
フェルマー素数　15
フェルマーの小定理　124

フェルマーの大定理　125
不定方程式　164
ヘア・ニーマイヤ方式　147
ベイズ統計学　96
ベイズの定理　91
ペテルスブルグの逆理　85
ペンタクル　43
ポリュビオアス　98

●マ行
ミッドウェー海戦　109
メルセンヌ素数　15, 164
モジュラス数学　113
モデュロール　60
モンテカルロ法　145

●ヤ行
約数　10
友愛数　19
ユークリッドの原論　39
ユークリッドの互除法　119
ユニテ・ダビダシオン　61
葉序　59

●ラ行
ランダム法　145
リーマン予想　167
離散力学系　7
利得表　155
リュカ数列　50
連分数　55

人名索引

アラン・チューリング (1912-1954)　107

アルフレッド・ノーベル (1833-1896)　2

アンリ・ポアンカレ (1854-1912)　5

上田睆亮 (1936-)　6

エドアー・リュカ (1842-1841)　50

エドワード・ローレンツ (1917-)　8

カール・フリードリッヒ・ガウス (1777-1855)　22

クイーン・メアリー (1542-1587)　99

ジェロラモ・カルダーノ (1501-1576)　101

ジュリアス・シーザー (100BC-44BC)　99

シュリニヴァーサ・ラマヌジャン (1938-1974)　2

ジョージ・ビュッフォン (1707-1788)　140

ジョン・ナッシュ (1928-)　1

ジョン・フィールズ (1863-1932)　2

スパルタカス (?-71BC)　98

ディオファントス (200?-284?)　125, 164

トーマス・ベイズ (1702-1761)　92

トマス・J・ビール　103

ニコラ・プーサン (1594-1665)　45

ピエール・ド・フェルマー (1601-1665)　15, 124, 125

ビクトル・ドント (1841-1901)　146

ピタゴラス (569?BC-475BC?)　20, 21, 29, 43

ベルンハルト・リーマン (1826-1866)　23, 167

ポリュビオアス (201BC-120BC)　98

マタ・ハリ (1876-1917)　105

松井充　111

マラン・メルセンヌ (1588-1648)　16

ミッシェル・エノン (1931-)　　6
ミッタグ・レフラー (1846-1927)
　　2
ユークリッド (325?BC-265?BC)
　　11, 18, 38, 39, 119
ヨハネス・トリテミウス (1462-
　　1516)　　100
リヒャルト・ゾルゲ (1895-1944)
　　108
ル・コルビュジエ (1887-1965)
　　60
ルイ 14 世 (1638-1715)　　102
レオナルド・ダ・ヴィンチ (1452-
　　1519)　　44
レオナルド・フィボナッチ (1170-
　　1250)　　50
レオンハルト・オイラー (1707-
　　1783)　　13, 16, 18, 122

河添 健 (かわぞえ・たけし)

略歴
1954 年　東京生まれ
1982 年　慶應義塾大学大学院工学研究科博士課程修了 (数理工学専攻)
現　在　慶應義塾大学総合政策学部教授・理学博士

主な著書に
『大学で学ぶ数学』(慶應義塾大学出版会)
『群上の調和解析』(朝倉書店)
『楽しもう！数学を』(日本評論社)
『微分積分学講義 (I, II)』(数学書房)
『新訂　解析入門』(放送大学教育振興会)

すうり　しゃかい　　　　　　　　みぢか　すうがく
数理と社会 増補第2版 ── 身近な数学でリフレッシュ
─────────────────────────────────
2007 年　1 月 30 日　　第 1 版第 1 刷発行
2012 年　9 月 10 日　　増補版　第 1 刷発行
2016 年 10 月 15 日　　増補第 2 版第 1 刷発行

著　者　　河　添　　健
発行者　　横　山　　伸
発　行　　有限会社 数　学　書　房
　　　　　〒101-0051　東京都千代田区神田神保町 1-32-2
　　　　　TEL 03-5281-1777
　　　　　FAX 03-5281-1778
　　　　　mathmath@sugakushobo.co.jp
　　　　　振替口座　00100-0-372475
印　刷
製　本　　モリモト印刷
組　版　　永石晶子
装　幀　　岩崎寿文

Ⓒ Takeshi Kawazoe 2016　　Printed in Japan
ISBN 978-4-903342-82-5